JN255752

戦略の未来

The Future of Strategy

コリン・グレイ
Colin S. Gray
奥山真司 訳

人類はつねに戦略的になる必要があった。
そしてこの必要性は、
近代という時代だけに限定された話ではない。
これは人類につきつけられた、
グローバルかつ永遠のテーマでもある。

勁草書房

THE FUTURE OF STRATEGY by Colin S. Gray

First published in 2015 by Polity Press

This edition is published by arrangement with Polity Press Ltd., Cambridge through The English Agency (Japan) Ltd.

日本の読者のためのまえがき

すべての人間は戦略的に生きようと努力するものだ。そして本書のテーマにあるように、われわれはこの点に関して、選択肢は残されていないのである。短い本書が書かれた理由の土台にある信念をあえて挙げれば、「戦略は必然的なものであると同時に望ましいものであり、さらには避けることのできないものである」ということになる。

もちろん戦略というのは失敗するものであるし、しかもなぜ失敗したのか、その原因がわからないこともある。それでもそのようなものであると知ってか知らずか、戦略というのは相変わらず試みられるものなのだ。私は読者の理解を助けるために、とりわけ戦略と似ていて、しかも最も関係性の深い「政治」と比較して考えることができると論じた。誰かを、もしくはある行動を「政治的」と呼ぶことは、他者に対して直接的、もしくは間接的に影響を与えようとしてるということを意味する。ただし戦略は政治的なものと同じような機能を持っていながら、一つだけ例外がある。

それは、戦略はつねに行動の結果に関係しているものであるという点だ。私はこれこそが戦略の正しい意味であると言いたいのである。

本書の読者のみなさんはすでに「戦略」や「戦略的」という言葉が、「使い勝手がいい」という理由だけで誤った使われ方をされていることをご存知かもしれない。そこには重要度の高さを示す意味、もしくは単なるインパクトの強さが含まれているように思えるからだ。

多くの人々が混乱するのは「戦略的」な人物や行動、それに目標などが、本当に見つけられないという点だ。自然なものか人工的なものかにかかわらず、実に多くの場所が「戦略的な地点」と指摘される中で、なぜ「戦略」はこれほどまでに見つけにくいものなのだろうか?

戦術的、さらには作戦的な価値というのは直接的に評価できるものだが、戦略の利点というのは、まだ知られていないし、しかも知ることのできない、未来に存在するものだ。かなり異なる言い方を使えば、戦術(そして作戦)というのは行動や態度についてのものだが、戦略というのは必然的に、暴力やその他の手段による戦術的な行動の結果だけに関係している。これは実に単純な区別の話であるが、多くの専門家や実務家たちはこの部分を無視している。ただし、ここまで言ったら厳しすぎるかもしれない。むしろ彼らは戦略理論の優秀な先生から講義を受けられなかっただけかもしれないからだ。私はこの混乱とその原因について最新刊の『戦略の理論』(*Theory of Strategy*, Oxford University Press, 未刊)の中で直接言及するつもりだ。

戦略のあらゆる分野で最大のカギとなる概念は、結果(consequence)である。戦略的価値は、戦術や作戦レベルのパフォーマンスの一つの結果として得られるものだ。ここで重要なのは、あらゆることに対して「戦略的」というラベルをつけたいという誘惑に抵抗することだ。戦略的な地点や兵器、そして部隊などは存在しないのである。この理由は、単純に、戦略的な質というのは「戦略的効果」もしくは「結果」として知られるその他の要因によって獲得されるものだからだ。半ば（なか）冗談としてよく言われることだが、現在直面している脅威がどのようなものであれ、それが自分に向けられたものであれば「戦略的」なものであり、それ以外の場合は「戦術的」なものとなるのだ。

本書はたしかに短くまとめられているが、読者のみなさんには「世界史の大きな流れは激的に変わるものだ」とは考えてほしくない。本書では、すべての人間の経験に永続的に存在する「戦略的」な条件というものを探って説明しようとした。あいにくだが、われわれには実際に取れる選択肢が限定されている。もしある政権が「戦略的」と呼ばれるべきものについて完全に無視しようとしても、それ以外に取れる選択肢はないのだ。本書は、人類が世界で経てきた経験の総体を分析して説明したものであり、社会には戦略的になるほかに選択肢は残されていない。「非戦略的」という選択肢は存在せず、ましてや非戦略的な歴史的物語（ナラティブ）という選択肢は単なる幻想である。

だからといってこれは、いくつかの政権が時代に関係なく「安全」、いや「耐えられるだけの安全」というものを、明白に「非戦略的」な方策を通じて追求してきたことを否定するものではない。ところがこれらは不可能であったのであり、少なくとも自国をきわめて平和主義的な方策で追求することは安全につながらなかったのだ。もちろん地理（たとえば地形、距離、そして疎遠など）に恵まれているおかげで地政学的に守られている例外的な国はあった。それでもそのような歴史的にも恵まれた状態にある組織された集団（主に国家）の数は、きわめて少なかったのであり、その証拠はあまりあるほどだ。この人類の歴史は包括的なものだ。最もありえそうな未来として判断するものを探って分析するにあたって、私は英語では「慎重さ」（purudence）という言葉にまとめられる概念の重要性を、あらためて認識していただきたいと考えている。このようなありうる未来像のいくつかは、見過ごせないような可能性を持っており、かなりの確信を持って予期できるものであるため、なぜ多くの人々が将来に対して悲観的になりがちなのかは容易に理解できる。

戦略に関するあらゆることを解明する際の最大のカギは、「帰結」という概念である。戦術というのはわれわれが行うこと、さらにはどのように行うべきかに関するものがすべてであるが、戦略というのはわれわれの戦術レベルの行動の帰結に関することだ。これらはきわめて強力で有益なアイディアだ。この二つの間の概念上の違いは完全に明確であり、この違いはきわめて重大だ。その唯一の理由は、われわれは自分たちの行うことや、その結果がどのようになるのかについて、つねに注意しておかなければならないという点にある。

もちろん社会というものは、その戦略的な理屈付けや判断において、それぞれ（しかも大きく）異なるものだととらえることもできるだろう。そして社会が時間とともにその思想面や行動の面においで大きく変化することや、他の社会とその差が出てくるというのは、やはり正しい。これらの点にはたしかにいくらかの真実が含まれているのだが、それでもわれわれが理解しなければならないのは「戦略には一つの本質（ネイチャー）がある」ということであり、これはその場その場の状況や、われわれが一般的に「文化的」と呼ぶ、その土地における好みなどの圧力とは無関係なものであるということだ。

戦略には「本質（ネイチャー）」と「様相（キャラクター）」の二つがあることを理解すべきだ。「戦略の本質」というのは、実質的に時と場所を選ばない。一時的、もしくはきわめて物理的に制限された状況にとって代わられることもないのである。この事実は理解すべき最も重要な点なのだが、不都合に感じられるときは受け入れられないこともある。

では私がここで直接主張しようとしていることは一体何なのだろうか？　私が主張したいのは、戦略の理論は一般的な真実であり、その決定的な論理（ロジック）は時代と場所を超越した普遍的なものであるということだ。もちろん時代や状況によって戦略には計り知れないほどの多様性があるのだが、私がしている話はそれよりも大きなものだ。

これは実質的に、戦略が近代に発見・発明されたものではないということだ。もちろんその言葉自体が最初に使われるには、一八世紀後半のフランスまで待たなければならなかった。より正確に言えば、戦略という言葉は一七八一年にフランスで出版された本で最初に使われている。ところがその概念の使われ方（それがイギリス、フランス、もしくはドイツのどこであっても）にかかわらず、われわれは今日において理解している「戦略的」という考え方や行動は、つねに人類とともにあり、これはわれわれが集団生活を始めて、自らの安全を守るという目的を持って以来変わっていないと、自信を持って答えることができるのである。

このような主張は、戦略における劇的なドラマや興奮を強調したいと考える研究者たちにとっては退屈でつまらない話に聞こえるかもしれない。ところが戦略の仲介的な目的、つまり望ましい帰結の達成という点についてはまったく疑いの余地はない。

これこそが戦略のすべてであり、この現実は以前からまったく変わっていない。もちろん望ましい帰結の性格は実にさまざまなものであろう。それでも戦略というのは帰結に関わることなのであり、その程度がきわめて野心的であったり控えめなものであったりという差はある。戦略の一般理論の論理（ロジック）は、ここで扱われるテーマの性格や内容に関係なく、完全に中立な性格を持ったものだ。戦略がある国の安全に貢献できるのかどうかは、二つのダイナミックな要因の働きにかかっている。一つは、戦略を導き指針を与える政治面での選択の質であり、もう一つは政権が直面する状況である。

われわれはある政権が直面する安全保障的な状況というのは、その政権の選択によるものであると考えがちだ。結局のところ、国家がどれだけ努力するか、または努力しないかが、その状況を導くものだからだ。たいていの場合、その国の現状を理解するために必要なカギは、その国の歴史にある。たとえば過去二〇〇年間において大きな変化に直面して耐えてきた経験を持つ国家でも、それまで一〇〇〇年をかけて段々とまとまってきた歴史を持っている。大変革を伴う悲惨な変化を受けたような国家の歴史的な「物語（ナラティブ）」が存在しようがなかろうが、戦略の論理（ロジック）は続いているのである。戦略のデザインやその実行の際のスキルというものは人々の間で差が大きく出るものだが、理論の権威とその必然的な論理（ロジック）というものは変わらないのである。

戦略と戦略的行動は、必然的かつ不可避的に、人間的な性格と行動を備えたものだ。よって私が本書のテーマとして選んだ戦略の未来では、われわれに選択の余地があるわけではない。これはわれわれの先祖だけでなく、子孫たちにとっても同じことだ。われわれには使用可能な手段を使った実行可能な方策によって、目標を追求するほかに選択肢が残されておらず、われわれの持つ前提を土台にした慎重な分析が教える、政治的な目標を追求した行動をしなければならないのだ。

人類はつねに戦略的になる必要があった。そしてこの必要性は、近代という時代だけに限定された話ではない。これは人類につきつけられた、グローバルかつ永遠のテーマでもある。

最後に、私は以前の私の生徒であった奥山真司博士が翻訳にあたって活躍してくれたその重要な役割を称えるとともに、私の日本語版の出版社である勁草書房にも感謝の意を表したい。

まえがき

まず、本書の編集を担当したルイーズ・ナイト博士と、ポリティー社の彼女のチームに感謝を申し上げておきたい。簡潔でわかりやすい本を書くように私を説得したのは彼女たちだからだ。もちろん私がこの課題にどこまで応えられたかは読者のみなさんの判断にお任せするしかない。正直なところ、私は本書で展開した議論や結論に、自分自身で驚いている。もちろん私は今まで「人類の将来にわたって戦略は確実に存在し続ける」とつねに考えてきたわけだが、本書を書くまではこの考えがどれほど説得力を持っているのかに気づくことはなかったからだ。読者のみなさんは、本書で扱うテーマが歴史的にかなりの広範囲にわたるものであることにお気づきになるかもしれない。しかし戦略の未来についての私の議論のエッセンスは、きわめてシンプルで、知的面でも簡潔にまとまったものだ。本書を書く中でわかったのは「われわれは人間が持つ本質のおかげで組織的に安全を求めたがるものであり、それがゆえに政治的なプロセスや戦略を必要とする」ということだ。

この主張の論理（ロジック）は強固である。また、それを示す歴史的な証拠も圧倒的だ。それと同様に、過去や現在でもそうだったように、戦略は未来においても絶対に必要なのだ。本書の議論は、一度お読みいただければこれ以上ないほど明確で明快であることがおわかりいただけるはずだ。ポリティー社には私に本書の執筆を提案し、戦略の将来を理解させて説明させてくれたことに、あらためて感謝したいと思う。

　ポリティー社のスタッフ以外に私が謝辞を述べなければならないのは、プロの原稿編集者であるバーバラ・ワッツと、私の妻であるヴァレリーと娘のトニアだ。本書のような難しい仕事を完成させることができたのは、まさに彼女たちのおかげなのである。

コリン・グレイ

英国ワーキンハムにて

目次

日本の読者のためのまえがき　i
まえがき　ix
イントロダクション——1
一般理論　2
政治　3
慎重さ　4
正統性と正義　5
歴史的な文脈　6
動機　7

第1章　政治というマスター ―― 11

最大の議論――永続的な物語(ナラティブ)としての「戦略の基本」　11

戦略の源泉――人間の本性と政治　18

政策と戦略における「政治」の意味　25

戦略――最も偉大な「実現手段(エネイブラー)」　30

第2章　戦略――それは何であり、なぜ重要なのか ―― 39

一つの「橋(ブリッジ)」　40

戦略はいかに効果を発揮するのか――そのミステリーの解明　47

戦略が不在、もしくは混乱している場合　56

戦略――その限界や代理品は？　63

第3章　理論と実践 ―― 69

一般理論　70

目　次

理論と実践　78
国民的（そして文化的）文脈　83
戦略理論の最大の価値　92

第4章　戦略史で変化するもの、しないもの――99
一つの重要な概念として　100
変化したものと変化しなかったもの　105
二百年にわたる戦略史　116
戦略史には「始まり」や「終わり」はあるのか？　120

第5章　戦略、諸戦略、そして地理――127
一般と特定　130
地理、歴史、政治　132
大戦略と地政戦略　136
マッキンダーとスパイクマン――極大戦略における冒険的事業　139

戦略は統合的なもの　148

第6章　戦略と未来——159

核という例外？　161

まとめ　自信をもって「知っている」と答えられることは？——173

戦略と「時の偉大な流れ」　184

訳者による参考文献の紹介　189

訳者あとがき　195

イントロダクション

私は戦略家(ストラテジスト)だ。過去五〇年間にわたって、私は戦略について講義し、書き、そして政府にアドバイスしてきた。本書は戦略という大規模で多岐にわたるテーマについて書かれた、やや短めの本だ。なので、極端に混沌(カオス)であるように見えるものをわかりやすく整理するところから始める必要があるだろう。[1] 無秩序と混乱を意味する「カオス」という概念は、本書のテーマにとってきわめて重要である。カオスは戦略史にはっきりと現れている。少なくとも、カオスは現代の情勢を支配してしまいそうな雰囲気だ。現代の「戦略」が実際に目的としているのは、ある種の政治的衝動を抑えることだ。それは、アクションを引き起こした本来の動機とはそもそもあまり関連性のない、脅しや暴力の結果として生じる政治的衝動のことである。戦略にとっての最大の課題は、アクションをコントロールし、どうやって望ましい政治的な効果をあげるのかという点にある。実際のところ戦略というのは、戦術的行動の成果を扱うものなのだ。

　戦略をよりよく理解するためのアプローチとして最初に押さえておかなければならないのは何か。それは、戦略を理解することは非常に難しいということを、正面から認めることだ(2)。戦略家にとっての最大の難問は、戦略というものがどこから見ても理解しがたいという点だ。もちろん学者たちの書いた教科書は明晰さを求めるために、ものごとをなるべくシンプルに示そうとする傾向がある。しかし戦略を実践しようとすれば、予期しなかった抵抗に直面することが多い。そのため、結果的にはカオスを阻止するために多大な努力が傾けられることになる。戦略においてカオスは思ったよりも支配的な存在なのだ。だが、それでもこの致命的なほど重要なテーマを理解するための、いくつかのアイディアを指摘することは可能だ。

■一般理論

　まず最初に、あらゆる時代や場所や状況に適用できる「一般理論」（general theory）の格言について指摘したい。人類が歩んできた驚くほど多様な戦略史全体も、根本的にはこの一般理論に従っている。一般理論とは、「理論」と呼ばれるものが果たすべき任務、つまり特定の問題に引きずられることなく、あるテーマの本質と基本的なメカニズムを説明するためのものである。私が考える戦略の一般理論として、現時点で二三個の項目がある（第3章の表3・1を参照）。この理論をしっかりと理解できれば、戦略を実践する人々が直面している目前の問題に対して、よりよく対処できるようになるはずだ。この理論は、私が戦略家としてキャリアを重ねる過程において「多様な軍事力をどのように使用したり、どうやって脅しに使えばいいのか」を理解する必要に迫られる中で育(はぐく)まれてきたものだ。私はこの一般理論が、軍備管理、核兵器、ランドパワー、シーパワー、エアパワー、サイバーパワー、特殊作戦、そして地政学などに関する問題に対処する際に、重要な助けとなることに気づいた。この一般理論やそこから派生する理論は、あらゆる戦略の問題を理解するための根本的な土台となるべきものである。

■政　治

一般理論は、戦略という幅広いテーマのあらゆる面を整理してくれるものだ。しかし、政治の優位をはっきりと認めることも、それと同じくらい有益である。戦略は政治そのものではないが、戦略はつねに政治に関係している。技術や文化による細かい違いはあるかもしれないが、戦略はその上位の政治的なプロセスに支配されるべきものだからだ。ここには選択の余地はない。暴力というものは、それが組織的に行われるかどうかに関係なく、どこであってもつねに政治的な意味を持つのだ。戦いから生まれる結果のほとんどは、多くの人々が予期したようにはならないものだが、だからといって「政治の優位」が否定されるべきであるということにはならない。ジャーナリストや学者たちは、どうも政策（ポリシー）や政策形成における興奮や刺激に目を奪（うば）われがちで、政治そのものの役割を忘れてしまう傾向があるようだ。ところが政策の形成は、政治によってコントロールされるものだ。さらに言えば、「政策の形成を支配する政治」という視点から見ると、政策に込められた「尊厳」というものが、その背後にある「政治」を覆い隠す上であまり役に立たないものであることが明白になる。

■慎重さ

私は「慎重さ（プルーデンス）」というものが、戦略的な行動を規律する最も重要なものであることを強調したい。これは一見して退屈だが正確な主張であり、これをあえて表明する最大の理由は、あらゆる戦略が脅しや行動の帰結に関するものであるという点にある。慎重さは、戦略という言葉が本来意味すべきことの中心にある。戦術は行動や実行に関するものであるが、戦略はその戦術レベルの行動がもたらす帰結を扱うものだ。政治的なプロセスを通じて政策目標が決定され、その達成のために「強制力」が望まれたり意図されたりする。しかしその「強制力」がもたらす成果というのは、最も優秀な戦略家でさえも巻き込まれてしまう障害として、邪魔になったり、失敗をもたらす傾向を持つものだ。戦略家をコントロールする「法則」の中で最も多く引用されるのは、おそらく「帰結は意図せぬものとして生じる」という言葉であろう。サプライズは、とりわけ自信過剰な戦略家につきものなのだ！　もちろんこれは慎重さを賞賛すべきもう一つの理由となるのだが、実際に結果がどうなるのかは別問題だ。未来に何が起こるのか誰にもわからないのに、人間は一体どこまで慎重になれるだろうか？　さまざまな政治家や野心的な将軍たちがいままで何度も未来を確約してきたにもかかわらず、それは相変わらず予見できないものであり続けている。

■正統性と正義

本書は戦略史に繰り返し現れる、厳しい現実をあえて直視している。だが、そこで展開される議論は「正統性（レジティマシー）」と「正義（ジャスティス）」という、互いに関連する二つのアイディアに対して明らかに好意的だ。

もちろんこのような高尚な言葉が正確には何を意味するかは、それが使われる文脈によって大きく異なってくる。それでもこの二つの言葉は、人類についてまわる政治問題に対して普遍的に関連するものだ。私は「攻撃的現実主義（オフェンシブ・リアリズム）」を信奉する人々が提唱する「大国は、勢力均衡が自分たちにとって明白に不都合になりつつある状況には無関心であり得ない」という議論を認めている。しかし、大国が覇権や支配を求める運命（さだめ）にあるとは考えていない。[3] その他の分野でも同じだが、戦略において明快な議論というのは、拡大解釈されると逆に危険なほど不明快なものとなってしまうものだ。たしかに、国家の安全保障の問題に関しては、どちらかといえば保守的になるほうが賢明だろう。だが相手の行動が深刻な誤りであることを裏付ける証拠がほとんどないのに相手を勝手に悪者扱いすることも、やはり思慮に欠けている。もちろんこれは、世界秩序を乱す「勢力不均衡」の状態を確実に発生させる相手国家の行動をただ何もせずに大目に見てもよい、ということではない。戦略家には軍事力の不均衡を受け容れながら、「正統性」や「正義」に集中できるほどの余裕はないからだ。しかしこれを逆に言えば、「戦略家たるものは、相対的な軍事力の計算にあまりにも集中しすぎて、正統な統治や正義にのっとった行動など、道徳的な考えの持つ力を見逃してはならない」ということにもなる。

■歴史的な文脈

読者の方々に注意していただきたいのは、本書で歴史的な文脈（コンテクスト）がどれほど重要かということである。本書で展開される私の分析は、たしかに現代の例や将来を見据えたものばかりだ。だが、戦略というテーマにおける私の視点は、時間を超越した普遍的なものだ。これが意味しているのは、私が長年にわたって目前の一時的な問題だけでなく、歴史における変化と継続性の問題にも取り組んできたということだ。[4] 議論を先走りさせないために、私はここでの議論を、自ら扱うテーマが本質的には不変であるという信念を確認することだけに限定しておきたい。このテーマとは「戦略」であり、私は「戦略というものは時間の大きな流れの中における考えと行動として位置づけるべきものであり、そこには明確な始まりや予測可能な結論はない」と考えている。もちろんこの考え方の大きな問題は、時間の経過とともに何が変化し、何が変化しなかったのかを明確に区別する必要があるという点だ。「人類のすべての歴史の中には変わらない戦略経験がある」という考え方を土台にできれば、「すべての歴史上の戦略経験は見えない証拠となり、同じテーマを示すようになる」という意味になる。もちろん「時代錯誤であるという批判を避けながら」という条件付きではあるが、われわれは戦略の一般理論を通じて、あらゆる種類の戦略行動を、ほとんど変わらない機能的な観点から考慮できるのだ(5)。歴史的な状況というのは、革命的な出来事が起きたり変化が累積したりする結果として、劇的に変化するものである。ところが戦略の機能面から言えば、古代のギリシャやローマが求めていた安全保障というのは、戦略の一般理論の光に照らして分析することができる。そのような理論は、ガレー船や尖った両刃の剣を持つ人々にも使えるし、今日の精密誘導式の通常兵器や核兵器にも当てはめることができる。私は戦略というものを、人類史全般をすべて含めた一貫した問題として研究できるし、そうすべきであると考えている。

■動　機

最後に、戦略における動機に対する本書の視点は、ツキュディデスが記した『戦史』に多くを頼っていることを正直に告白しておかなければならない。現時点では、「歴史の流れの中に充満している戦略問題における動機は、このアテナイの偉大な歴史家がきわめて説得力のあるたった三つの有名な言葉にまとめている」と述べておくだけで十分であろう。それは「恐怖、名誉、そして利益」である。[6] ツキュディデスがまとめたこの三つの決定的な動機をよく考えてみると、人類の歴史がなぜ戦略的なのかが十分に説明されていることがよくわかる。

したがって本書はまず、戦略と政治がどのように結び付いているのかを議論し、それを説明することから始めるが、とりわけ「政治はつねに支配的な立場にあるべきだ」ということが論じられる（第1章）。最初の章でこのきわめて政治的なテーマを扱った後に、私は戦略が一体どのようなものであり、なぜそれがそれほど重要なのか（第2章）、戦略は（理屈の上ではなく）実践時においてなぜ、そしてどのように機能するのか（第3章）、戦略では何が変化し、何が変化せずに残るものなのか（第4章）、新しい兵器や状況に合わせた新たな戦略が求められているときに、戦略の一般理論はどこまで重要性を保てるものなのか（第5章）、そしてこれらすべては、未来においてどのような意味を持つべきなのか（第6章）を説明していくことになる。

注

（1） 以下を参照のこと。Colin S. Gray, *Strategy for Chaos: Revolutions in Military Affairs and the Evidence of History* (London: Frank Cass, 2002).

（2）　戦略家を悩ます難問についての検証を私は以下の文献で行っている。Colin S. Gray, *The Strategy Bridge: Theory for Practice*（Oxford: Oxford University Press, 2010）, ch. 4.

（3）　ここ数十年間において「オフェンシブ・リアリズム（攻撃的現実主義）」と名付けられた理論を提唱しているのはシカゴ大学のジョン・ミアシャイマーだ。ミアシャイマーの主な著作は以下の通り。John J. Mearsheimer, *The Tragedy of Great Power Politics*, updated edn（New York: W. W. Norton, 2014）［ジョン・J・ミアシャイマー著、奥山真司訳『大国政治の悲劇　完全版』五月書房、二〇一七年］.

（4）　継続性と変化の関係性を基本的なテーマとして書いた著作は以下の通り。Colin S. Gray, *Strategy and Defence Planning: Meeting the Challenge of Uncertainty*（Oxford: Oxford University Press, 2014）.

（5）　Beatrice Heuser, 'Strategy Before the Word: Ancient Wisdom and the Modern World', *The RUSI Journal* 55/1（February/ March 2010）, 36–42.

（6）　Thucydides, *The Landmark Thucydides: A Comprehensive Guide to 'The Peloponnesian War'* ed. Robert B. Strassler, rev. trans. Richard Crawley（c.455–400 BC; New York: The Free Press, 1996）, 43［トゥキュデデース著、久保正彰訳『戦史』上巻、岩波書店、二〇〇五年、二二六頁］.

第1章　政治というマスター

■最大の議論——永続的な物語としての「戦略の基本」

私は本書の冒頭を飾る本章で「戦略」（strategy）という言葉の意味を説明したい。とりわけそれが、人間の本性や、われわれの政治行動の実践に、なぜ、そしてどのような密接なつながりを持っているのかを示すつもりだ。もちろん他の章でも戦略の全体像を把握するのに必要な説明は多くなされているが、それでも最も重要なものは、圧倒的に本章の中で説明されていると言える。われわれがそもそも「戦略」というものを作り出し、しかもそれを持っている理由は、それが人間にとって必須のもの——とりわけ安全のために——とされているからだ。そして戦略というのは、その本質から、つねに政治的なプロセスの中で作成され、程度の差はあるが、そのプロセスの中で実行されるものだ。これこそが、本書の底にひそむ「全体像」であり、本書の全編にわたって響き渡る中心的なテーマである。

戦略という言葉には実に多くの意味があるが、それは主に「政治」（politics）に関することを指すことが多い。その最大の理由は、政治こそが集団的行動を実行させるメカニズムを提供するものだからだ。政治がさまざまな形をとることは事実であり、しかもその形はそれぞれが互いに大きく異なることも多い。ところが戦略の実行、つまり政治的なプロセスという意味から考えると、それらはつねに同じような目的を達成するために行われる。このプロセスは、それが国ごとにどれほど異なる「色」をまとっていても、結局は行政府の権威に正統性（レジティマシー）を与えるものであり、これによってその行政府は、国全体のために実際に決断したり行動できるようになる。

私のここでの狙いは、戦略は変化し続けているように見えるというその特徴を踏まえた上で、それでも変わらない戦略の本質（ネイチャー）を説明することにある。戦略的現象における変化があまりにも明白なために、その本質についての誤解や、さらには混乱までもが蔓延（まんえん）していることは、ある意味で当然かもしれない。戦略の歴史（私は戦略史という言葉のほうが好きだが）というのは、そもそも誤解によってかなり混乱している。しかしその誤解のほとんどはあらかじめ避けられるようなものであり、実際のところ、訂正可能なものなのだ。

ほぼ軍事的な意味での「戦略」というのは、人類の歴史の中につねに存在してきたものである。

十分な証拠に支えられたこの主張は、本書の内容全般を理解するためのカギを握っている。われわれが戦略を実行するのは、それ以外の選択肢を持たないからだ。そしてわれわれはそれをうまく実行できないのだが、それはまた別の話である。あえて大胆に言えば、われわれが戦略を実行するのは、人間の政治的条件がそれを求めているからだ。大きく言えば、われわれの人間としての条件が、われわれに政治を行うことを求めているのだ。

本書の議論は「歴史的な経験によって、われわれは政治的かつ戦略的に振る舞う以外の賢明な選択肢を持てない」という、簡潔だが相反的な主張から構成されている。戦略研究において何度も行われている議論や、将来における戦略の妥当性についての議論が暴露しているのは、われわれが永続的な人間の条件というものをしっかりと理解できていないということだ。

政治を学ぼうとする学生たちがよく経験するのは、互いに競合する多くの選択肢の中から、自分の学ぶことを選ばなければならないという問題だ。また、学生たちに知らされることがほとんどないのが、軍事系の戦略というのは、それがいかに古色蒼然（こしょくそうぜん）としたものであるように見えながらも、「政治にとっての、単なる一つの選択肢以上の意味がある」という事実だ。見かけとは裏腹に、本書は戦略研究（ストラテジック・スタディーズ）を提唱するために書かれたものではない。むしろ戦略研究というのは、適切な説明さえされれば、自ずとその重要性は支持されるものだからだ(1)。

戦略の姿が将来、正確にどのようなものになるのかは誰にもわからないのだが、われわれは戦略史を紐解くことができるため、それが過去と同じようなパターンのものになることだけは知っている。[2] もちろんその詳細は不明確で議論を呼ぶものだが、それでも何が起こって、しかもなぜそれが起こるのかという理由については、われわれはかなりの確信を持って語ることができる。われわれはそのような変化（これは場合によっては急速に起こる）の証拠を見つけることができるが、同時に、本当に重要なものが劇的に変化することは少ないことにも気づかされる。このような議論は矛盾するように見えるかもしれないが、戦略が時代を越えたものであるという主張は、私の議論を理解する上で決定的に重要だ。戦略は永遠で遍在的（ユビキタス）なものだ。[3] この初歩的だが圧倒的な考え方は、「重要なものは時間の経過とともに移り変わるものだ」と教え込まれてきた人々から、大いなる抵抗を受けるものである。ところが戦略の機能は、必ずしも現在われわれが直面している「戦略的な選択」を理解することにあるわけではない。この選択には、特定の状況や時代背景、そして個人が受けている圧力や切迫性というものが反映されたものであるからだ。

私は本書において、単数形の「戦略」、つまりあらゆる時代や場所や状況に応用できる単一の「一般理論（ストラテジー）」と、複数形の「諸戦略（ストラテジーズ）」との区別を明確にした。後者は、そのときにしか存在しなかった特殊な状況の中で、持ちうる資源（アセット）しか使えなかった特定の歴史的人物や組織が選択した戦略のことを言う。

ここでの最大の問題は、「変化」と「歴史の継続性」という、一見して矛盾するものに対応しなければならないという点だ。古代ギリシャのアテネのペリクレス、ユリウス・カエサル、エドワード一世（と三世）、大モルトケと小モルトケ、ダグラス・ヘイグ元帥、ジョージ・マーシャル将軍、ドワイト・アイゼンハワー、そしてディヴィッド・ペトレイアスたちに共通するのは、彼ら全員が、その当時の物理的・文化的な範囲の中で、戦略をなんとか実践しようと努めたという事実である。彼らはおしなべて「戦略家」になる必要があったし、そうなろうと努めたのである。

本書で提唱される「戦略というのは、慎重な人間の行動のために永久に必要とされるものである」というアイディアに対して、異議を唱えるプロの歴史家は少ない。ただし彼らは、われわれの使っている「戦略」という概念が、一七七〇年代になってから出てきたものであると主張している。おそらくそれは本当だろう。たしかにわれわれの「戦略」という概念の理解とその使用については、記録されているものとしては一七七一年のものが最初だからだ[4]。

ところが一八世紀後半まで戦略思想やその実践への試みがまったくなかったと考えるのは馬鹿げている[5]。人類の歴史は、その呼ばれ方や時代ごとの定義はそれぞれ異なるが、長年にわたって戦略についての言説に彩（いろど）られている。さらに言えば、比較的新しいこの概念の意味が（戦略が戦闘とその帰結を意味していた一九世紀のものから）急激に変化し、その意味が「政策」へと傾いていったときでも、忘れてはならないのはそこで変化しなかったものであり、変化できなかった要素である[6]。過去に活躍できた戦略家たちは、ギリシャ語、ラテン語、フランス語、ドイツ語などの異なる言語を使っていたわけであり、彼らは生きていた当時の歴史的状況から必要とされた思考や行動に突き動かされていたのだ。ところが戦略というのは、特定の時代背景や地理の情勢に左右されない根本的な論理（ロジック）による機能であり、現在もこの事実は変わらない。

この変化しない論理（ロジック）には、戦略とは望ましい政治的**目的**（ends）を達成しようとするものであり、それに適合した戦略的な**方策**（ways）の選択を通じて、その時点で利用可能な、主に軍事的な**手段**（means）を活用するという意味が込められている。この目的・方策・手段という三つの根本的な概念にもう一つ加えるべきなのは、**前提**（assumptions）という決定的に重要な概念であろう。この四つ目の概念はつねに重要であり、戦略そのものを根底から覆（くつがえ）してしまう最悪の原因となる可能性を持つという意味で、圧倒的な存在感を持つものだ。これは少なくとも私がこれまで五〇年間にわたるキャリアの中で直接経験してきた戦略に関する議論において、間違いのない事実である。

そして何よりも重要なのが、戦略の独立した機能を果たすこの三位一体的なメカニズムを認識することである。この初歩的だが実に根本的な、目的・方策・手段（前提も忘れてはならないが）の相互依存的な戦略のメカニズムは、時代や文化を越えて、優れた戦略家たちに共通している。現代の戦略の問題はつねに変化するものであるが、それらはすべて共通のルーツを持っている。それは「望ましい政治目的は、入手可能な方策と、動員可能な手段によってしか追求できない」という、人類にとって永遠の課題となる「戦略の現実」だ。戦略家、そして戦略的なアドバイスをしようと考えている人々が絶対にあり得ないような「前提」を採用しようとしても、戦略のゲームのルールにはつねに目的・方策・手段があった――ただし目的、つまり望ましい帰結が他を支配していたわけではなかったが――のである。一九四五年以降の核時代は例外かもしれないが、それでもわれわれの（戦略の）歴史を、戦略の機能を参照することなしに説明することは不可能だ。あいにくだがこの事実は、政治的野望と欲のために、前提を楽観的なものにしたがる同時代の人々には勘違いされることが多かった。

ここで再度強調しておかなければならないが、読者の中には以下の主張について受け入れがたいと感じる人がいるかもしれないということだ。それは「戦略が全体的な機能としては時代を越えても変わっておらず、実際にもそれが拘束される物的・観念的な現実があるために、そもそも変えられるはずがなかった」という主張だ。当然ながら、政府やそのリーダーたちが間違いを犯す可能性はあるし、実際に間違いを犯してきたのだが、その理由は、そもそも現状における方策と手段によって何が達成できるのかが不明確なことが多かったからである。それでも文字通りの「文化の影響を超越した」戦略の働きについての原則は存在する。

もちろん単純な戦闘力の比較計算では劣勢であるにもかかわらず、巧妙な計画と幸運によって成功を収めることは可能だ。ところが敵の失敗や幸運にまかせた計画は、不満のたまるものであったり、それ以上に、最悪の事態（例：一九四二～四三年のスターリングラードや一九五四年のディエン・ビエン・フー）につながるものなのだ。

■戦略の源泉――人間の本性と政治

戦略史における細かい部分の変化は、当然ながらきわめて重大なものとなりうるが、それでもそれらは一世代にわたる期間（二〇年から三〇年程度）に限定される。ただしこれは、細かい部分の変化の証拠を否定するものではない。むしろ重要なのは、「変化」（たいていの場合は全体的な動き）というものは「継続」よりも目立つものであり、そのために後者は見逃されがちだという点だ。これは、過去の事例が現在や将来に対してどのような意味を持つのかを理解することを難しくするという意味で、非常に残念なことだ。もしそうなると、歴史における戦略というテーマにとって、なぜ過去の戦略の選択がいまだに重要なのかという点を説明するのが困難になってしまうからだ。

もちろん過去はその多くの結末とともに過ぎ去ってしまうものだが、現在の戦略家には、歴史的な文脈において展開していた詳細な過去を理解できる能力が必要だ。ローマ人はブリタニアを二度と侵攻しないだろうが、最初にユリウス・カエサル、次にクラウディウス帝が、なぜ一世紀に侵攻したのか……その理由は、二一世紀の戦略と政治にとっても引き続き妥当性を持ち続けている。

この大胆な主張を論証して行く上で重要なのは、その議論において最大のカギとなる要素や、それらを支持するのに必要な論拠を認めることだ。「戦略は人類の歴史において時間を越えたものである」という意見は、容易に論証できる三つの密接な関連性を持った主張にまとめることができる。そして以下のように、一つの全体としてとらえられる、相互に支持する構成要素によって成り立っている。

1　人間の本性（human nature）　文化や情勢の変化にもかかわらず、人間は個人としても社会においても、つねに共通の、時間や場所の境界を越えると推測される、特徴的な性質を持っている。(7)われわれはほぼ二五〇〇年前に書かれたものであるにもかかわらず、ヘロドトスやツキュディデスのことを容易に理解できる。ツキュディデスという歴史家は、二一世紀の政治・戦略面での難問についても、雄弁かつ説得力のあることを語っている。(8)古代ギリシャと現代社会の間にある物理的・文化的な違いにもかかわらず、このような歴史家たちは、現代のわれわれが今日受けていて、将来われわれの後継者も直面するのと同じようなプレッシャーを受けている人々について書いていたのだ。

2　政治（politics）

ツキュディデスの偉大な『戦史』（ペロポネソス戦争の歴史）の登場人物と、現代の戦略家たちは、同じような「政治的な行動」以外の選択肢を持っていなかった。(9)人間の本性は「不安」に影響されており、これはツキュディデスによって簡潔に「恐怖、名誉、利益」という包括的な概念にまとめられているが、秩序を持った統治状態を守るために追求されるべき方策の裏にある最重要な目的は、「互いの保護」にあるべきだということになる。(10)国によって人間が作り上げる政治形態というのは実にさまざまだが、「市民に安全保障を提供する」という最重要の目的だけは共通している。政治思想と行動――そしてその結果として生まれる戦略――は、人類の歴史において永続的な要素であり、それらはうまく実行できないことが多いのだが、それでも必然的に実行されなければならないものなのだ。

3　戦略（strategy）　人間が「政治的な存在」であるとすれば、それは同時に「戦略的な存在」である（またそうなろうと努めている）とも言える。戦略の必要性というのは、あらゆる人間の生活における、競争的な条件から生じるものだ。その理論や実践は、文化やその他の状況の違いによってさまざまだが、人間が作り上げた政治的な安全保障コミュニティーが、戦略の厳しい論理（ロジック）から逃れられる可能性はほとんどない[11]。もちろん人間が作り上げた集団は、戦略の論理（ロジック）の意味を無視しようとすることもできるが、そこには「戦略の鉄則」とでもいえるものが存在していて、規律を守らせようとしてしまうのだ。不当な方策と不適切な（軍事的）手段を使って無能さをさらけだしてしまうと、政策、つまり政治目的は達成できない。驚くべき幸運や、無能さによる敵の戦略的な失敗は、たしかに「味方」側を助けてくれるものかもしれないが、これらははじめから期待すべきものではない[12]。

　ここで最も重要なのは、戦略の基本的な理論の論理（ロジック）が、時間と場所を越えて効力を発揮していることを認めることだ。戦略的任務について現代の人々がどのようにとらえようとも、目的・方策・手段のメカニズムは否定できないものであるし、その反動に抗（あらが）うことはできない。ペリクレスもユリウス・カエサルも士官学校には通っていないし、この二人とも今日の戦略家たちのように戦略について語ったり記事を書いたわけではないのだが、それでも彼らは戦略的な行動をとったのである。彼らが直面していた人間的・政治的な状況は、彼らに他の選択肢を与えてくれなかったからだ。国家のリーダーや戦略家たちの、一見するとかなり慎重に見えるような見込みや計算、それに純粋な推測によって、目的・方策・手段という相互連結の関係がしっかり把握されて見えるようなものでも、戦略史の中では予測不能の大災害を引き起こす方向に流されることが実に多いのである。

目的・方策・手段のメカニズムを理解するのと、その理解を歴史の流れの理解につなげるのは、やはり別の問題である。歴史には敗者がたくさんいるが、この中には「できると信じていること」と「実際にできること」の間には違いはないと信じ込んでしまった人間もいる。戦略史には、味方の勝利について過剰な自信を持ってしまった例が繰り返し現れている。誤った前提というのは、戦略の致命的な間違いの原因の中でも最悪のものだ。これについては、一九四〇年代にさかのぼるだけで十分であろう。ナチス・ドイツが歴史的に示したのは、なぜ政治目的には適切な方策と手段による裏付けが必要なのかという点であった。これと同じことは、一九六〇年代のアメリカの経験や、その数世代後の二〇〇〇年代のアフガニスタンでの失敗にも当てはまる。

歴史家が自分の選んだ研究事例について、それがいかに特殊なものであるかを強調するのは、いたって普通のことであり、むしろ必要なことと言える。当然ながら、特殊なものには説明が必要だからだ。ところが文化というのは、その考え方が時間と場所によって劇的に変わるものであることをわれわれは知っているが、それでも他の時代の奇妙な「前提」を額面通りに受けとって考えるのは難しい。そういう意味で、われわれがある程度の有害な「現在主義」や、視野の狭さに直面するのは致し方ないように思える。人間というのは自己中心的なものであり、過去の時代についての公平かつ公正な評価をできない、またはしたくないように見えるからだ。あらゆる「歴史についての判断」というのは、時の流れについてのアイディアが示唆していることを受け入れるだけの力量に関係なく、過去の流動的な風景の中におけるわれわれの立ち位置や、その判断の解釈に影響されるのである。

われわれは自分たちから距離があることの多い事例から得た特権的な知識を土台にして、一時的な歴史についての判断を下すのだが、そもそもこのような偏った判断から逃れるのは不可能だ。この現象のとりわけ明確な例は、有能な学者たちが、相変わらず第一次世界大戦のような大規模かつ比較的最近の時代の歴史的な出来事について、完全に説得力のある説明を行えていないという点だ。この戦争を、その後の二〇世紀に及ぼした影響についての知識から影響を受けずに考える（そもそもできるわけがないのだが！）というのは不可能に思えるからだ。

歴史の継続性の影響についての考えがどのようなものであれ、実際に「その後の結果を知っている」という事実のおかげで、その当時の考えと行動の原因を、それ以前の状況から発展したものと区別して考えることは難しい。そうなると、本書のような研究では「一時的な要因」と「永続的な要因」とを区別する必要が出てくる。われわれは混乱を招くような曖昧さを許容するリスクを承知の上で、本書での戦略研究においては「継続するもの」の中にいくらかの変化が存在することを認めつつ、変化の中でもさらに「変わらない継続性」があることを認めなければならない。それに加えて、本書では変化の力と継続の力の間に非対称性があり、しかもこれは後者のほうが前者よりも強いと考えている。

アルキダモス王が紀元前四三一年のペロポネソス戦争前夜にスパルタの議会で戦う意義について演説したとき、当然ながらその理屈付けは、歴史的にもきわめて特殊なものであった[13]。ところが王は、今日においても戦略的に合理的だと思える論理を語っていたのであり、それはその歴史的な背景をほとんど説明せずとも十分通じるものだ。西暦の最初の二世紀のローマのような帝国的な領土拡大主義でさえも、黄金と栄光と恐怖に基づく個人的な動機が入り混じった、標準的な国家の理屈を参照しながら説明することが可能だ。その際の最大の要因というのは、やや大げさに言えば「戦略のための国政術（ステート・クラフト）」という概念によって簡単に説明のつく、永続的なものなのだ。

古代ギリシャから現代に至るまで、国家が一体どのような動機で動かされるのかをわかりやすい言葉で抽象化することは可能であり、さらにはそれが必要であることは明白だ。それが「恐怖、名誉、利益」というツキュディデスのおおざっぱな判断であり、これを越えたものは皆無であろう。この三位一体は、すばらしい包括性と順応性を、驚くべき効率性と明晰さで組み合わせたものだ。この三つの動機は、研究対象の文化にそれぞれ当てはめて考えられる。一般理論には、ツキュディデスのおおざっぱな散文よりも細かいものは必要とされていない。

ここで重要なのは、この三位一体がその特定の時代、場所、そして文化に基づいた証拠に、どこまで当てはまるかという点だ。戦略の未来を理解するためには、国際政治における他の国家のプレイヤーたちの動機――明白なものか想定されたかに関係なく――について、確実に把握する必要はないし、それが望ましいわけでもない。ここで覚えておくべきなのは、すべての国家の政権は、自らの恐怖や、名誉の感覚、そして自らの利益についての視点によって動機づけられるものであり、この状態は将来も変わらないということだけだ。歴史を説明する際にどのような国政術や戦略についての理論を使おうとも、私はツキュディデスよりも優れているものは文字通り存在しないと考えている。

もしツキュディデスが正しければ、これは戦略の未来にとって重大な意味を持っていることになる。結局のところ、この古代ギリシャの歴史学者は、人間の存在につきものの政治的な性質を概念的にうまくとらえていたからだ。もし戦略が、「恐怖・名誉・利益」というやっかいな動機によって永続的に突き動かされる「政治」に容赦なく従わなければならないものであるとすれば、われわれに唯一課された任務は、戦略を猛烈に必要としている政治的状況に備えるための、知的な面での貢献なのだ。

■政策と戦略における「政治」の意味

言葉の中には、それがあまりにも日常的に使われているものであるために、逆にしっかりと検証されてこなかったものもある。その典型が「政治」（politics）である。これまでたくさんの著書や論文を書いてきた人間として言えば、私は長年にわたって「政策」（policy）という言葉を使うのを避けてきたが、その代わりに「政治」という概念には特別な立場を与えてきた。この理由は、政治的なプロセスというものが遍在していて、しかも決定的な権威を持っていると私が理解しているからだ。

われわれは政治という概念について、明確な意味を必要としている。私は「政治」という言葉が日常的に頻繁（ひんぱん）に使われているにもかかわらず、その定義が混乱して不明確なものであることに気づかされてきたが、そのエッセンスとなる機能の部分に注目すると、政治というのは「他者に対する影響力を生み出すプロセス」として見ることができるのであり、またそう見るべきものだ。あらゆる「政治的プロセス」というのは、相対的な影響力を発揮するために正統性（レジティマシー）のある権威を発生させることを狙ったものだ。(14)「政策」、もしくはあるコミュニティーが達成しようとしている「目的」というのは、政治的プロセスとしての議論と交渉の結果である。(15)ある特定の問題について最も影響力を持っているのが誰かと言えば、それは政策を作る人々である。あらゆる政策におけるさまざまな目的というのは、相対的な影響力をめぐる争いから生まれたものだ。

影響力をめぐる争いの中で、政治的リーダーの候補者たちは、政治的権威を正統化（レジティマイズ）してくれる、さまざまな有権者たちの支持を集めなければならない。人間の持つ本性のおかげで、われわれは特定の政治集団の政治的、さらには戦略的な狙いというものから統制を受けるものだ。もちろん政治家はさまざまな問題や、特定の政治的プロセスに影響を与える「価値」について、あらゆることを議論するが、ここで注意しなければならないのは、中身は何もない政治的なプロセスそのものに実体があると勘違いしてはならないということだ。政治的プロセスの中で最も強烈な試練は、正統な有権者たちによる相対的な影響力から出てくるものだ。

　政治と政治的プロセスの中では「政策の選択」が最も権力を持ったものであり、これを越えるものは何一つ存在しない。二一世紀の戦略の未来は、まさに一九一〇年代や一九三〇年代当時と同じように、相変わらず人間の手に握られており、彼らの考え、そして感情などに委ねられている――これは一つの恐ろしい気づきかもしれないし、むしろそうあるべきものかもしれないが――のである。歴史の継続性からわかるのは、そこには不吉な将来がわれわれを待ち受けている可能性が大きいということだ。

　政策や政治的な選択肢において、不運の発生する可能性が大きいことを伝えることは必要だ。なぜなら「政策」という概念――政治そのものとも言える場合があるが――は、まるで崇敬すべきものかのように議論されることが多いからだ。ところが「政策科学」というエセ科学的な考えによって表現される自惚れ的な野心に、われわれは惑わされてはならない。実際は自覚がないのだが、一見すると自らを傷つけることを望んでやってしまうようにも見える集団による完全に不適切な概念の使用について、われわれははじめからそれを防ぐ手段を何も持っていない。だからこそ、科学的なアプローチによってはじきだされた公共政策が正しかったと証明されるような例は、きわめて少ないのである。

「政治」と「政治的」という言葉は、あらゆることを正当化するのに使えるものだ。これはきわめて皮肉に聞こえるかもしれないが、現役の主導的な役割を担う政治家たちの主な任務は、自らの影響力の大きさを守ることにある。結局のところ、支援者からの支持が落ちてしまうと、彼らの正統性を持った権威への支持率を獲得・維持するために必要な政策を、作ることも実行することもできなくなるからだ。

　政策の「中身」は、つねに政治的プロセスを通じて、「誰」によって生み出されるのか、ということから決定されるものだ。言い換えれば、政治的プロセスはつねに勝つ、ということだ。人間の条件についてのこのような永続的な事実は、もっとおおざっぱに説明することも可能だが、この不可避の真実が意味しているのは、政策、つまり国家の政治的行動を制する「安全装置」は少ないということだ。戦略の未来についてのいかなる研究も、この現実から目をそむけてはいけないのである。

　「国政術（ステート・クラフト）」として知られる政策の中で、なぜ「慎重さ（プルーデンス）」が最高度の価値を持つべきものなのだろうか？　そこにはいくつかのすばらしい理由がある。[16]「慎重さ」とは、政策によって生じる可能性に対する特別な用心、という意味になるのだが、これは意思決定者たちが従う支配的原則でなければならない。ところが政策づくりというのは、科学ではなくアート（術）であり、しかも欠陥をかかえた人間によって決定され、実行され、さらにはその行動の結果は見えないことが多いため、

「愚かな行為」（と悪運）は、「慎重さ」と同じように、われわれの歴史の中で少なくともかなり重要な地位を占めることになる。

したがって、「予見できる未来」という単純化されすぎた言葉の人気に反して、未来というのはそもそも予見できないものだ[17]。もちろん政治と戦略は、ともに変動的な活動であり、それは軽率さによって発生するリスクを構造的にうまく減少させることが可能ではあるが、それでも戦略史には致命的な間違いが何度も明確に記録されてきた。このような間違いは、きわめて高い意識で「慎重さ」を取り入れようとし、なおかつ自らの経歴だけでなく自分の命もかかっていることや、取り返しのつかない政策や戦略の間違いによる、ぞっとするような結末の可能性まで知っている人たちによっても、犯されてしまうものである[18]。

戦略史を学ぼうとする人々は、政策づくりの政治について、知りたくない事実を二つ知ることになる。一つは、政策をほぼ決定する政治というのは、組織を動かす、あまりにも人間的な人間たちによって必然的に構成されているということだ。そして当然ながら、飛び抜けて高い能力を持った人物でさえも、その組織の中ではその性格がわざわいして能力を発揮できないということもままあるのだ。文化を越えたこの普遍的な真実は、たった一例だけではあるが、非常に評判の良い『ブレアの戦争における英国の将軍たち』（*British Generals in Blair's Wars*）[19]というタイトルの最近出た本の中でも説得力を持って語られている。

人間が関わるあらゆる政策と戦略の選択に関する、知りたくない二つ目の事実は、信頼に足る客観的な区別やチェックを行うためのメカニズムがそこに欠落していることである。[20] 当然ながら政策担当者たちは「自分たちは合理的な行動をしながら働いており、効果的な方策や手段を通じて政治的な目的にうまくつなげている」と考えているものだ。

ところが未来はそもそも予見できないものであるために、政策と戦略における客観的で信頼のおける検証というのは、文字通り「不可能」なのである。そうなると、いくら合理的な政策づくりでさえも、非合理的な想定にのっとって行われていたことが明らかにされてしまうことも多くなる。そして実際のところ、破滅的な結果をもたらす可能性を抱えた決断や行動について、客観的に検証できるようなメカニズムは存在しない。

われわれが政策と戦略を動かすものが何であるかをいくら考えようとも、実際のところは「必然的切迫性は法を知らない」というところに行き着くのだ。この言葉は、ドイツ帝国首相のテオバルト・フォン・ベートマン・ホルヴェーグ（Theobald von Bethmann-Hollweg）が、主に中立のベルギーを侵攻するのを正当化することを狙って行った、一九一四年八月四日のドイツ帝国議会での発言を引用したものだ。[21]

■戦略――最も偉大な「実現手段（エネイグラー）」

戦略というものは簡潔な描写ができないことが実に多く、不明確で曖昧（あいまい）な捉え方をされており、この不気味で重い響きを持つ概念が登場したおかげで、完全な間違いにつながることも多かった。ところがこのような曖昧さをはぎとって、明確で直接的な意味が意図された場合には、このミステリアスな概念は、シンプルに言い表せるような確固とした意味を持つこともある。

戦略というのは、基本的に個人や組織、もしくは国家において、その政治的目標と、実行可能な手段をつなげることを可能にするものだ。戦略は、政治的なコミュニティーや国家に対して、その政策の願いを実現するために、いかに（軍事的）資産（アセット）を使うべきかを教えるものだ。戦略は、戦術的な戦闘力を望ましい結果に転換することを可能にするものだ。これが「戦略的効果」（strategic effect）と呼ばれるものである[22]。

軍隊というのは、本来は軍事的な可能性を提供するものであるが、それ自身ではどのような行動をどれだけ行えばいいのかを決めることができない。戦略そのものに潜む「魔法の知恵」や、それを発揮するためのアイディアや制度のようなものは存在しないのだが、優れた戦略の方法論は、目的と手段を建設的に結合させることによって、成功の確率を高めてくれるのである。

われわれが合意さえできれば、「定義」というのは決定的な重要性を持つことになる。私はここで、戦略の定義として三つ挙げておく。一つ目は、私が個人的に同意できない、ローレンス・フリードマンのものだ。二つ目は、この分野の知的な創設者であるカール・フォン・クラウゼヴィッツのものである。三つ目は、私が個人的に好んでいるものであり、あからさまにクラウゼヴィッツ主義的なものだ。

ここで覚えておいていただきたいのは、定義というのは扱われるテーマを説明する際に明確な理解を助けるためのものであり、そのテーマについての特定の――つまり議論を呼ぶ可能性のある――視点を提供するようなものであってはならないということだ。そのため、私は以下で説明されるフリードマンの定義は個人的に賛成できない。フリードマンは「戦略とは根本的に政治的なアートである。それは当初の勢力均衡の状況から最大限の優位を得ようとするものであり、パワーを創造するアートそのものである[23]」としている。私から見れば、この定義は間違いというよりも不適切なものであり、あまりにも推論を盛り込みすぎだ。

それとは対照的に、クラウゼヴィッツは戦略を「戦争の目的を達成するために戦闘を使用すること[24]」としている。本書のいたるところで使われている私の選んだ定義は、「軍事戦略とは、政治によって決定された政策の目的のために、軍事力の使用とその脅しを指導するもの[25]」である。これはやや扱いづらい定義かもしれないが、それでも戦略を生み出すプロセス全体における政治の主導的な役割（この点を理解することが決定的に重要だ）を明確にしている。フリードマンが説明し、ベアトリス・ホイザー（Beatrice Heuser）が念入りに歴史的な事例から裏付けているように、現在「戦略」と呼ばれているものの意味は、一つの言語の中だけでなく、多数の言語間においても移り変わってきており、さらには戦術ではなく、政治と政策の方針によっても大きく変わってきている[26]。私の比喩（ひゆ）的な表現を使えば、戦略というのは軍事力と政治目的の間を渡すための一つの「橋（ブリッジ）」であり、偉大な「実現手段（エネイブラー）」となるし、実際そうなるべきものなのだ。

本書で繰り返し強調されるのが、継続するものと変化するものについての区別である。これを言い換えると、第一に、一つの一般理論の形にまとまっている「戦略」と、第二に、歴史の中の人物たちが当時の軍事的手段を使ったそのやり方を複数形で表した「諸戦略」に分けられるのだ。失敗することが多かったにもかかわらず、人間はつねに戦略を成功させようと努めてきた。戦略家として能力を発揮するのはきわめて困難なことであり、とくにその理由は、そもそもはじめから状況的に無理であったことが多い。一九四四年から四五年にかけてのドイツや、核戦争につながりそうなあらゆる状況を考えてみてほしい(27)。

戦略には、一般理論の原則から目の前の状況に関連するものを当てはめて考えるようなプロセスが、つねに必要となってくる。その一般理論は、効果的な行動を助けるものでなければならないのだが、戦略史のほぼすべての問題には、その時代特有の軍事力をうまく発揮する必要性も含まれてくる。一般理論のほうは、そのような個別の事象から得た教訓を受けて発展するかもしれないが、われわれの狙いは、それを「時を越えた英知をまとめた辞書」として役立つものにすることだ。古代ギリシャの戦略の知恵というものがいかにうまく理解されて検証されたとしても、オール付きのガレー船や重装歩兵に密集方陣による戦闘のように、テクノロジー的な背景を超越したものでないかぎり、戦略の有益な理解にはつながらないのである。

もちろん過去と現在の関連性を指摘するような「アナロジー」を考える人はいるだろう。ところが原則的に、各時代ではその時代のテクノロジーを土台にした、その変化する状況に合った独特の戦略を生み出さなければならなかったし、それはこれからも生み出され続けることになるだろう。ただしわれわれの戦略の一般理論は慎重に修正されるものであると想定して考えれば、戦略がどのように機能し、機能させるべきかについて、今後も優れた説明のまとまりは提唱されるはずだ。これこそが、一般理論の決定的に重要な部分である。少なくとも、われわれは比較的短い期間のうちに時代遅れになってしまうような「知恵」を積極的に受け入れるような事態だけは避けなければならない。

前世紀に何度も起こったことだが、軍事的に革新的なものを熱心に推奨してきた人々は、確立された戦略についての「真実」をくつがえすために、相変わらず彼らの好む新しい「おもちゃ」の能力のすばらしさを説いてきたのである。核兵器という特殊な例外を除けば、今日までこのような主張の正しさが、長期にわたって裏付けられたり、説得力のあるものだと判明したことはない。現在盛り上がっているサイバー・パワーについての考察も、このような長期的な視点から考えるほうがむしろ有益であろう。

継続と変化について話を戻すと、戦略の実践というのは継続的なものであり、ほぼ永続的なものと言ってよい。その時代特有の問題は解決可能かもしれないが、同時に不可能かもしれない（たとえばイスラエルにおけるユダヤ人とパレスチナのアラブ人同士の問題だ）。戦略の必要性というのは、政治目的の変化や、選ばれた戦略的方策や、使用可能な手段（軍事的かその他のもの）によって時間とともに変化するものかもしれないが、それでもつねに存在し続けるものだ。人間というのは、統治の必要性とその探求に、永遠に運命づけられている存在だからだ。これはつまり、人間は政治的に行動するように運命づけられており、戦略的に動くことから永遠に逃れられないという意味だ。この人間に備わった条件は変わらないのだが、唯一それを終わらせることができるのは、おそらく非常に不快な核兵器による自滅的な大災害だけである。そして本書のような本の狙いは、われわれの戦略史がこのような結末を迎えるリスクを減らすことにあるのだ。

注

（1）Richard K. Betts, 'Should Strategic Studies Survive?' *World Politics* 50/1 (October 1997), 7-33; Richard K. Betts, 'Is Strategy an Illusion?' *International Security* 25/2 (Fall 2000), 5-50.

（2）Colin S. Gray, *Strategy and Defence Planning: Meeting the Challenge of Uncertainty* (Oxford: Oxford University Press, 2014).

（3）Colin S. Gray, *The Strategy Bridge: Theory for Practice* (Oxford: Oxford University Press, 2010).

（4）以下を参照のこと。Beatrice Heuser, 'Strategy Before the Word: Ancient Wisdom and the Modern World,' *The RUSI Journal* 55/1 (February/March 2010), 36-42.

（5）これについて批判的なものとして以下を参照のこと。Hew Strachan, 'Strategy in the Twenty-First Century,' in Strachan and Sybille Scheipers, eds. *The Changing Character of War* (Oxford: Oxford University Press, 2011), 506. それに対する私の反論は以下を参照。Colin S. Gray, 'Conceptual "Hueys" at Thermopylae? The Challenge of Strategic Anachronism,' in *The Strategy Bridge*, 267-77. 以下の文献もこの点についてきわ

めて重要だ。Beatrice Heuser, *The Strategy Makers: Thoughts on War and Society from Machiavelli to Clausewitz* (Santa Barbara, CA: Praeger, 2010).

（6） Beatrice Heuser, *The Evolution of Strategy: Thinking War from Antiquity to the Present* (Cambridge: Cambridge University Press, 2010), ch. 1.

（7） Stephen Peter Rosen, *War and Human Nature* (Princeton: Princeton University Press, 2005).

（8） Williamson Murray, 'Thucydides: Theorist of War', *Naval War College Review* 66/4 (Autumn 2013), 31–46; 現代の学者による不満については以下の文献の中のものを参照のこと。David A. Welch, 'Why International Relations Theorists Should Stop Reading Thucydides', *Review of International Studies* 29/3 (July 2003), 301–19.

（9） Thucydides, *The Landmark Thucydides: A Comprehensive Guide to 'The Peloponnesian War'*, ed. Robert B. Strassler, rev. trans. Richard Crawley (c. 455-400 BC; New York: The Free Press, 1996)〔トゥーキュディデース著、久保正彰訳『戦史』上中下巻、岩波書店、一九六六〜一九六七年〕; Alan Ryan, *On Politics: A History of Political Thought from Herodotus to the Present* (London: Allen Lane, 2012).

（10） Thucydides, *The Landmark Thucydides*, 43〔トゥーキュディデース著『戦史』上巻、一二六頁〕.

（11） Carl von Clausewitz, *On War*, trans. Michael Howard and Peter Paret (1832-4; Princeton: Princeton University Press, 1976)〔カール・フォン・クラウゼヴィッツ著、日本クラウゼヴィッツ学会訳『戦争論 レクラム版』芙蓉書房出版、二〇〇一年〕. また、以下も高い価値を持つ。Edward N. Luttwak, *Strategy: The Logic of War and Peace*, rev. edn (Cambridge, MA: Belknap Press of Harvard University Press, 2001)〔エドワード・ルトワック著、武田康裕・塚本勝也訳『エドワード・ルトワックの戦略論』毎日新聞社、二〇一四年〕.

（12） 奇抜だが実証された事例として、英国遠征軍（ＢＥＦ）が一九四〇年五月にフランスから撤退できるだけの時間的余裕があった理由は、おそらくヒトラーがトップの将軍たちの成功に嫉妬して、彼らの圧倒的な作戦スキルに余計な規律を与えようとしていたからだという説がある。これについては以下を参照のこと。Karl-Heinz Frieser, *The Blitzkrieg Legend: The 1940 Campaign in the West* (Annapolis, MD: Naval Institute Press, 2005), chs. 7-8.

(13) ツキュディデスは、アルキダモス王が「英知と冷静な思慮の主として名をなしていた」と記している。彼の慎重さや注意深さについての議論は普及しなかったが、その時代を越えた戦略観の有益性は明確だ。Thucydides, *The Peloponnesian War*, 45-7［トゥーキュディデース著『戦史』上巻、一二八〜一三四頁］.

(14) 以下の文献は、政治の研究は影響力の研究とともに行う必要があることを明確に主張したものだ。Harold D. Lasswell, *Politics: Who Gets What, When, and How* (New York: Whittlesey House, 1936)［H・D・ラスウェル著、久保田きぬ子訳『政治――動態分析』岩波書店、一九五九年］.

(15) 戦略の一般理論について論じる中で、私は「格言2」で「軍事戦略とは、政治によって決定された政策の目的のために、軍事力の行使やその行使の脅しを指示するもの」と主張している。Gray, *The Strategy Bridge*, 262.

(16) Raymond Aron, *Peace and War: A Theory of International Relations* (New York: Doubleday, 1966), 285.

(17) Nassim Nicholas Taleb, *The Black Swan: The Impact of the Highly Improbable* (New York: Random House, 2007)［ナシーム・ニコラス・タレブ著、望月衛訳『ブラック・スワン』上下巻、ダイヤモンド社、二〇〇九年］; Gray, *Strategy and Defence Planning*.

(18) 顕著な事例については以下を参照のこと。Barbara Tuchman, *The March of Folly: From Troy to Vietnam* (New York: Ballantine Books, 1984); Eliot A. Cohen and John Gooch, *Military Misfortunes: The Anatomy of Failure in War* (New York: Free Press, 1990); and Barry S. Strauss and Joshua Ober, *The Anatomy of Error: Ancient Military Disasters and Their Lessons for Modern Strategists* (New York: St Martin's Press, 1990).

(19) Jonathan Bailey, Richard Iron and Hew Strachan, eds., *British Generals in Blair's Wars* (Farnham: Ashgate, 2013).

(20) Colin S. Gray, *Perspectives on Strategy* (Oxford: Oxford University Press, 2013), ch. 2.

(21) Richard F. Hamilton and Holger H. Herwig, *Decisions for War, 1914-1917* (Cambridge: Cambridge University Press, 2004), ch. 4. ドイツ首相の議会演説の最も重要な箇所については以下の中にある。Michael Walzer, *Just and Unjust Wars: A Moral Argument with Historical Illustrations*, 3rd edn (New York: Basic Books, 2000), 240［マイケル・ウォルツァー著、萩原能久監訳『正しい戦争と不正な戦争』風行社、二〇〇八年、四四三頁］.

(22) Gray, *The Strategy Bridge*, ch. 5.

(23) Lawrence Freedman, *Strategy: A History* (Oxford: Oxford University Press, 2013), xii.

(24) Clausewitz, *On War*, 177［クラウゼヴィッツ著『戦争論』一八四頁］.

(25) Gray, *The Strategy Bridge*, 29.

(26) Heuser, *The Evolution of Strategy*, ch. 1.

(27) 一九四一年から四二年以降においては、ドイツ軍の作戦レベル、もしくは戦略レベルにおけるすばらしい指揮能力でも、状況を好転させることは困難になり、そして最終的には不可能となっていった。マンシュタイン将軍の軍歴を考えてみればわかるが、これついては以下の文献に詳しい。Mungo Melvin, *Manstein: Hitler's Greatest General* (London: Weidenfeld and Nicolson, 2010). マンシュタインはいかなる戦略的な役割も果たさせてもらえなかった。彼のスキルは戦場だけに限定されていたのである。核兵器の発展が戦略の範囲を広げたかどうかは本書の第6章でも扱っている通り、まだ決着の出ていない議論である。

第2章 戦略――それは何であり、なぜ重要なのか

戦略は、国家における目的を持った活動をそれぞれ結びつける「接着剤」のようなものとして捉えるべきものだ。第1章で説明した通り、それは偉大な「実現手段（エネイブラー）」である。戦略は、安全保障コミュニティーが求めるさまざまな行動や能力のすべてを、相互に連結させる。

おおざっぱに言えば、それぞれ実質的に別個の領域である「政治的野心」と「軍事的活動」の間が空洞になっている場合、戦略はそれに対して「どうすればいいか」という答えを提供するものだ。戦略は、共通の目的を達成させるため、それぞれ別個の活動の間で機能的な協力を可能にするための、一つの「システム」としてとらえることもできる。

戦略は、目的と行動の間の一つの「橋（ブリッジ）」として機能した場合にのみ価値を生むものだ。すべての政治コミュニティーは好みの政策や目標を持っているものだが、これらは政治的プロセスによっ

て決められる。

また、すべてのコミュニティーは、ものごとを実現するための人的・機械的・電子的な資産（アセット）を持っている。ところがこのようなコミュニティーは、単純に何かを行うだけの軍隊を必要としているわけではない。すべてのコミュニティーに必要なのは、軍事力という政治的な手段を使って暴力の脅しに抵抗したり、逆にその脅しを実現できるような、アイディアと計画なのだ。これこそが戦略が持つ決定的に重要な役割なのであり、そこで期待されているのは、国家の政策が見逃してきた「どのように」という問いに、明白に答えることなのだ。

私は本章で、戦略というシステムが泥まみれの失敗によって崩壊することが多いことを認めつつも、戦略がどのように効果を発揮するものなのかについて、明確に分析していく。本書をお読みの方々にぜひ理解していただきたいのは、戦略はやさしくて楽しそうであり、その実行も簡単なように思えるかもしれないが、その実行は、無能な人々や、より巧妙な敵、そして純粋なアクシデントなどによって、つねに危険にさらされているということだ。戦略を失敗させる要因は、実はかなり多いのである。

■一つの「橋（ブリッジ）」

「戦略」という考えは、欧州の主要言語では一七七〇年代から語られているものであるが、その正確な意味については、つねに議論の的（まと）であった。(1) 今日ではその人気とは裏腹に、戦略の定義についてはいまだに議論されている。これは学術的な詳細にこだわる学者たちの中だけの問題ではない。なぜなら「戦略（ストラテジー）」と「戦略的（ストラテジック）」という言葉は、文章を飾りたてるために使われるだけでなく、いま現在も特定の行動を区別するために使われるアイディアだからだ。

「戦略」という言葉の誤った使われ方は、大衆的、そして政府公式的の両面においても、有害な結果しか生み出さない。「戦略」と「戦略的」という言葉の意味を正確かつ一貫して使うことを主張するのはたしかに重要なのだが、その理由は、これらのアイディアがわれわれの安全保障にとって欠かすことのできないものだからだ。

では「戦略」とはそもそも何なのだろうか？　平たく言えば、この疑問に対してわかりやすい言葉で答えられなければ、その理解は一歩も進まないことになる。「戦略」という言葉——そのアイディアではなく——は古代ギリシャに由来するものであり、戦争のアート（術）におけるリーダーシップと関係を持ったものであった。本書の目的に従って、私は軍事に焦点をしぼった一般的な意味としてこの言葉を使っている。ところが近年になってから戦略という言葉とそれを支えるアイディアに人気が出てきたために、一つの問題が浮かび上がってきた。現代の英語における「戦略」と「戦略的」という言葉は、とにかく意味をわからずに使っても聴衆から好反応を得られることに気づいてしまったビジネスマンや政治家のような信奉者たちを、引きつけるようになったからだ。

戦略は、まるで「誰もが好むアイディア」というレベルにまで、見境（みさかい）なく人気を博したように見える。このような大胆な展開は、この言葉に「一つのプロジェクトを成功させるために選ばれた指針」という感覚があることを匂(にお)わせている。

もちろん戦略には公式な権威のある定義が存在しないのだが、それでもその言葉の最も重要な意味を認めることはできる。私は機能的な観点による定義を支持しているが、これは「戦略は橋渡し的な機能を満たすものである」というアイディアの重要性を認めているからだ。

私の「戦略とは橋(ブリッジ)である」という定義は、ある政権の政治的な望み、つまり政策を、軍事的な資産(アセット)と意図的につなげる役割を果たすものであることを示している。もちろんこれを唯一の正しい定義と見なすべきではなく、むしろ戦略がどのようなもので、何をするものであるのかを指摘して、その意味をうまく表現できた定義としてとらえるべきだ。このような比喩(ひゆ)的表現を使えば、戦略は、政権が政治的に望んでいることを達成する際の、軍事力の使い方を教えるものであることがわかる。「橋渡し的な機能」というアイディアがあれば、戦略家が戦略を使って何をすべきかがよく説明できるようになる。このような重要な定義が詳しく検証されていないため、専門家たちはわれわれが扱っている「戦略」という言葉の意味について、自らの理解の中で重要だと思う部分だけを勝手に強調してしまうのだ。

ここで読者のみなさんには、私は支持していないが、フリードマンが最も好んでいる定義や、第1章で引用されたものを思い出してもらいたい。フリードマンは間違えているわけではないのだが、それでも彼の定義は「創造する力」を強調している点において、スタンダードな意味を持った包括的な戦略の定義として正当化できないと私は感じている。[2]

本書では、戦略とは基本的に、主に外国のライバルに直面した政権が、目標を「いくつかの手段の知的な使用を通じて追求するのを可能にする、連結的・組織的な機能」として理解してもらいたいと考えている。戦略の概念には必ずしも言語的に軍事的な意味が含まれる必要はないのだが、一般的にはそれが含まれていることが多く、本書でもその例にならって使われている。結局のところ、本書の議論は、政府の安全保障にとって最も根本的な「橋渡し的な機能」としての戦略を探るところに主眼を置いている。

多くの人々にとって、戦略とはミステリアスであり、むしろ不吉とも言えるような感覚を感じる概念であろう。戦略の権威というのは、どちらかといえば抽象的な論理(ロジック)のおかげで明確なのかもしれないが、より具体的なその優位を示す証拠となると、逆に見つけ出すのが難しくなる。

実はこのような事情は、ある意味で当然である。なぜなら戦略の働きというのは、作戦レベルだけ、そして結局のところは戦術レベルにおいてのみ、行使されるものだからだ。ある軍事作戦が戦略面で効果を持っていたとして、これが意味しているのは、主にそのような行動によって「戦略的効果」が生じたということだ。[3] 軍事力が発揮されている様子を見せるには、軍が戦術レベルの働きをしている戦闘シーンの写真を用意すればいいだけの話だが、戦略における成功についての決定的な証拠を示すのは、実ははるかに難しい。

さらに言えば、戦略の専門家が「戦略的」という形容詞が何を意味しているのかを正確に把握しているのかどうかさえ本気で信用できない、と考える人も多い。また、戦略という言葉には、実用性や一貫性のある意味が欠けていることに気づかされることも多い。「戦略」という言葉の使われ方は、単なる「ヘビー級の言葉」として、他の言葉よりも重要度が高く、何か大きなものを意味しているものとして使われることが多いのである。したがって言語学的な厳格さが欠けた状態で使われると、その概念からはすべての価値が失われ、知的な議論を妨害してしまう。その誤った形として、われわれは最も重要なもの、長射程のもの、もしくは単に「とくに注目すべきもの」という意味が戦略に込められていることを目撃するのだ。

このような雑な誤用に直面した場合に、それを修正するために思い返すべきなのは、第1章で紹介したカール・フォン・クラウゼヴィッツの戦略とは「戦争の目的を達成するために戦闘を使用すること」という言葉の定義であろう(4)。端的に言えば、戦略では帰結がすべてなのであり、そこでとりわけ重要なのは、軍事的な脅しの帰結と、その後の政治的な出来事の流れを決めるための行動なのだ。あえて付け加える必要はないのかもしれないが、戦略面での優位獲得というのは、作戦レベルや戦術レベルでの進展よりも計測するのが難しい(5)。

あらゆる戦略の成功や失敗は、相変わらず「現場レベル」、つまり戦術レベルで実際に暴力が実行される「戦場」で生み出されるものだ。戦略思想はたしかに決定的に重要かもしれないが、戦略思想家の狙いは、誰かによって実行される実際の——そして通常は非常に危険な——行動によってのみ実現するものだ。戦略の実行とは、単に戦術のことなのだ。

戦略が果たすべき「橋渡し」的な役割は、さまざまな組織によって実現できるものだが、歴史的な経験や常識的な感覚が示しているのは、やはり「その場しのぎ」のアレンジによるものよりも、公式的なプロセスによるものが効果的であるということである。そこでの最大の課題は、軍事力を政治的な目的につなげることであり、クラウゼヴィッツが述べたように、これによって政権の軍隊を国家の政策のための一つの「ツール」として本当に機能させられるかどうかなのだ。

これは当たり前のように見えるが、戦略史から見えてくるのは、政治目的のためにいかに効果的に軍事力を脅しのために使うか、その難しさなのだ。戦争は政治によって作られた政策のための一つの「ツール」と見なすべきであり、「単なる願望」はこれまで何も実現してこなかったし、今後も何も実現できないだろう。

軍のツール的な面を指摘したクラウゼヴィッツの格言は、一つの理想論としては申し分のないものだが、実践面では映画のタイトルにあるような「遠すぎた橋」となってしまうことがあまりにも多い[6]。その主な理由は単純だ。政治と戦争は、非常に異なる営みだからだ。

さらに言えば、政治というのは国内の統治のプロセスによって主に（といっても独占的にというわけではないが）構成されているのに対して、戦争は必然的に「非協力的な相手」に対して実行されるべきものなのだ。

もちろん戦争は政治に関わるものなのだが、政治そのものではないし、政策を別の名前で表したものでもない。多くの批評家や理論家は、この部分を理解できていない。実際のところ、戦争というのは「政策の選択によるツール」と想定されているにもかかわらず、独自の生命力を持った存在のように見えることがきわめて多い。

国家の敵対関係の政治的な原因（戦闘の瞬間にまで影響を与える）がどのようなものであれ、戦争の流れそのものは、すべての参戦者に対して圧倒的なプレッシャーを与えるものだ。国家が戦争をすると、たいていの場合はその戦闘によって生まれた帰結を受け入れざるを得ないものだ。自分たちが望んでいた政策は変わらないのかもしれないが、そのような戦争前の選択というものは、戦場における軍事的な出来事の流れによって、大きく変わらずに生き残る可能性は少ない。クラウゼヴィッツが主張したように、戦争はきわめて偶然性の領域にあるものだからだ[(7)]。そもそも想定から大きくはずれることから、このような修正、さらには行動のやり直しというものが要求されても、それは参戦者の一プレイヤーの手にあまるものだ。

たとえばイギリスは一九三九年九月三日にフランスとポーランドを主な同盟国としてドイツとの戦争に参戦したが、一九四一年一二月初頭までにフランスとポーランドが負けて孤立してしまい、結果的に（自分よりもかなり圧倒的な）ソ連とアメリカにその立場を譲ることになったのである。

原則的に、「政治と戦争は適切に関係づけられるべきである」ことについては疑問の余地はないが、歴史的、現実的に見ると、政治というのは戦争のツールになってしまうことが（一時的にせよ）多い。戦略は政治と軍事という完全に越えられないことの多い二つの領域をわける川をつなげる「橋（ブリッジ）」であるべきなのだが、この両岸――軍のエスタブリッシュメントと、彼らが守るべき社会（とその政策）――を建設的な形でつなげることは非常に困難となる。場合によっては、この戦略という橋がまったく機能しない場合もある。実際のところ、その存在さえ認めてもらえないことさえあるのだ。

この「橋（ブリッジ）」を機能させられなかった最も明白な（しかも繰り返された）例は、両大戦におけるドイツの例である。一九一四年から一八年、一九三九年から四五年のどちらも場合でも、ドイツは政治的な感覚に沿った形で戦いを導くような戦略を作成する組織を持てなかった。たしかにドイツは両大戦で偉大なスキルと決意を持って戦ったわけだが、幸か不幸か、合理的な政治目的を達成する戦略によって指揮されたわけではなかった。ドイツ帝国軍とナチス・ドイツの両方に欠けていた、もしくは不可能であったのは、戦略という「橋（ブリッジ）」の建設と利用だったのである。

■戦略はいかに効果を発揮するのか――そのミステリーの解明

戦略とは知的な活動である。それは政策の狙いという政治優位のレベルから降りてくる、（少なくとも）ある程度の結果をもたらすべき軍事的な行動を指示するものである。もちろん「戦略」というラベルは特定の軍事力に紐付けされることが多いのだが、実際はあらゆる軍事力がある一定の「戦略的効果」を生み出す可能性を持っている。

原則として「あらゆる軍事行動には（それがいかに小さなものであっても）戦略的な意味があ

る」という視点を持つことは賢明なことだ。戦略とは軍事的な行動による、意図された帰結に関わるものだ。そうなると、理論上でも実際面でも、戦略はおそらく戦略以下のレベルのあらゆる軍事的要素によって実行されなければならないことになる。[8] この「軍事的要素」というのは、戦闘を実行したり支えたりするための「戦術的なまとまり」や、状況の変化にともなって任務に集中、もしくは再調整するような「作戦レベルの指揮」(ユニットの集団)にまとめて考えることができる。

ところが私が示した根本的な区別には、以下のようなものがある。(一)軍事的な脅しや実行の政治目的(政策)と、敵を我が方の望みに政治的に屈服させるための軍隊による実際の維持活動や演習との区別。(二)政治に由来する「政治目的」と、強要を狙った軍事行動のための指示・指導に関する「戦略」の間の区別。(三)戦術レベルにおける「戦闘力」と、直近の戦果の先の望ましい帰結を発生させる目的のために戦術的戦闘部隊を集めて指揮する、作戦レベルにおける「戦術的行動」との区別である。

この説明がわかりにくいと困るので、念のために以下の図2・1で、その構造をわかりやすく図説してみた。

図2・1で表されたのは単純な構造だが、これは実践面での本当の難しさを隠してしまうことも多いので注意が必要だ。たとえば政治には、明確で一貫し、実行に移すべき価値のある「政策」を必ず生み出すという保証がない。政策が軍事戦略に無理な要求を突きつけてくることもあるし、その戦術レベルの戦闘力では、それがいくら作戦面で整っていたとしても、敵に勝利できないことが

図２.１　戦略――要素とレベル

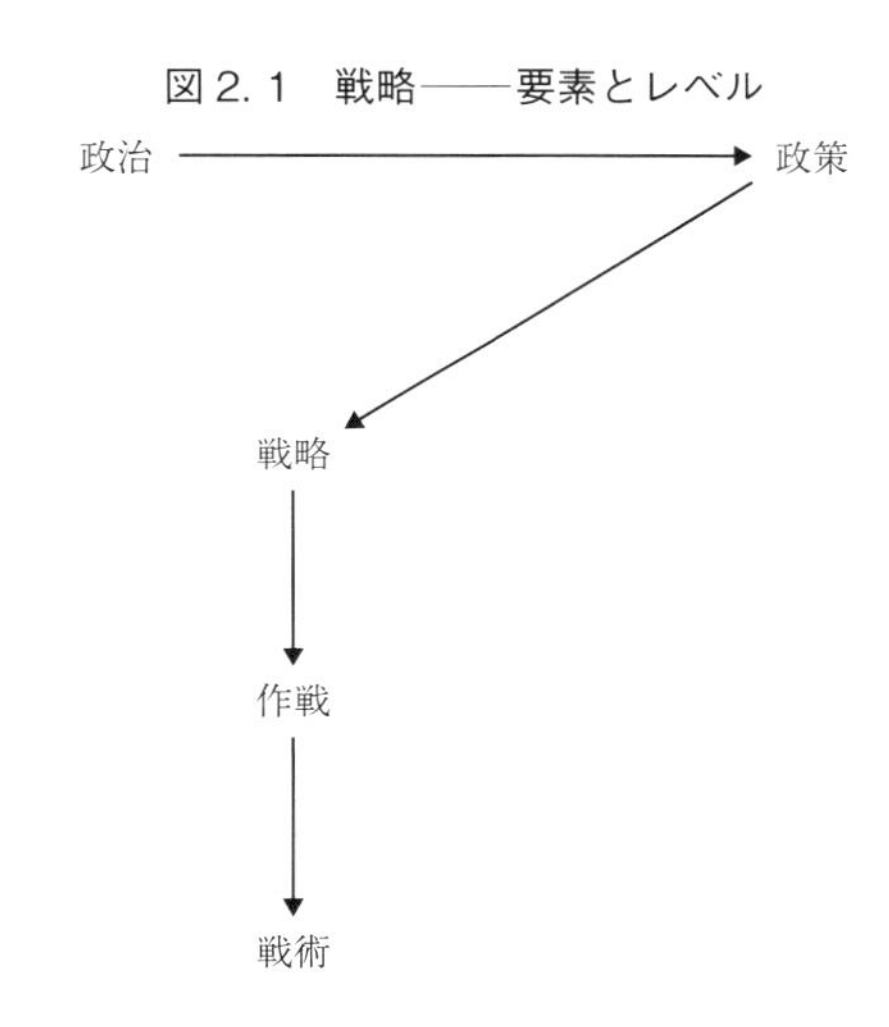

戦略面でわかってしまうこともあるのだ。

ここで重要なのは、図２・１の表で表される要素が、いくら相互依存的にうまくフィットしていたとしても、歴史には大失敗している事例もあるという点だ。戦略というのは基本的に、上下の階層のパフォーマンスの低さに脅かされているものだからだ。

戦略家は実践面において、ほぼつねに政策の目標を（必ずというわけではないが）実現できるような条件を作るよう命令される。そして彼の失敗の根本的な原因は、文民の政治家が自分と軍に対して犯した政治面での愚かさというよりも、むしろ彼の部隊が戦場で活躍できなかったその戦術・戦闘面での無能さにあることのほうが多いのである。

政策面での過ちと部隊の戦闘力の失敗が、歴史上で何度も繰り返されていることから考えてみると、われわれが戦略という概念のそもそもの有用性に疑いを抱くのも無理はない。もし戦略が政治的に無理なことを実行したり、ろくに準備できていない（もしくは部隊が少なすぎるような状態での）戦いで勝利することを公式に促すものである場合、そもそもこの「戦略」というのは役に立つものだと言えるのだろうか？

皮肉なことだが、戦略レベルでのパフォーマンスに潜む欠点というのは、むしろ過失というよりも、パフォーマンスの改善のための最も重要なヒントとなる。(9) 戦略や、その中の階層性に関する根本的な概念的メカニズムは、われわれに一体何が必要なのかを明確に教えている。

当然ながら、人間の作った組織、性格、敵、チャンス、そしてアクシデントは、戦略のパフォーマンスの秩序や効率性や効果を狂わせる可能性を持っているが、単に戦略につきまとう明らかな危険性を指摘するだけでは良い議論にはならない。

戦略の核心にあるダイナミックなメカニズムは、たった四つの要素によって構成されている。これを再びきわめて簡素な形で表したものが図2・2である。

図2・2は戦略で何か起こりやすいのかを簡素な構造にまとめて説明しようとしたものだが、これは歴史上のあらゆる紛争において、戦略が直面する問題を解明するための手がかりとなるものだ。この図がとくに重要なのは、この強靭な構造によって、紀元前五世紀の古代ギリシャから二〇〇〇年代のアフガニスタンの戦いまでを説明できる可能性が出てくるからだ。この図の流れは基本的に説得力があってよくまとまっており、読者を戦略において最も重要な要素に注目するよう促すものだ。

図２．２　戦略の根本的な仕組み

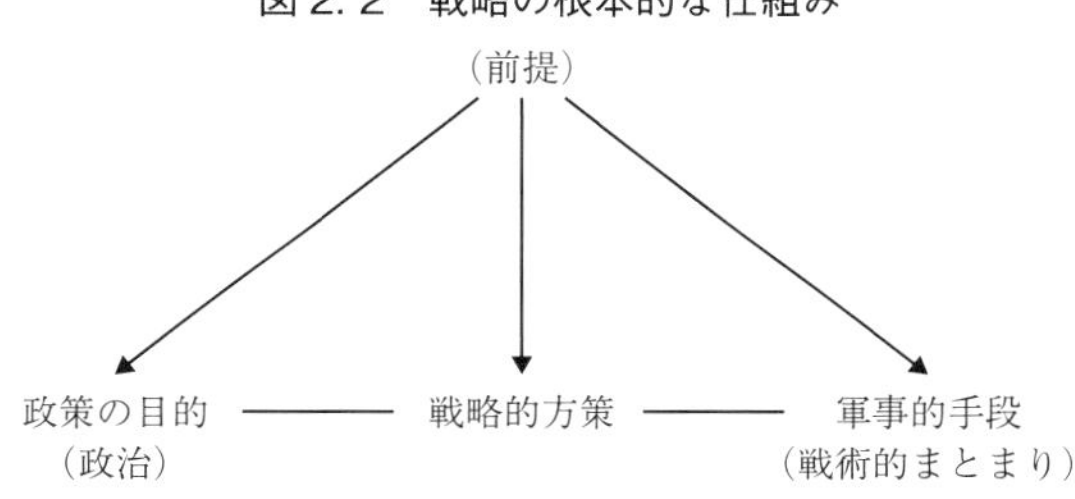

たとえば、ドイツ第三帝国の大きな政策目的は、その野心的な面からも明らかでありながら、その地政学的なビジョンは実は曖昧（あいまい）であり、およそ北極海に面した白海のアルハンゲリスクからカスピ海沿岸のアストラハンまでの南北の線まで拡大することくらいしかわからなかった。ドイツとその同盟国たちは最初にその断固とした帝国拡大の企みに四〇〇万人を投入しているのだが、そもそもこれはいかなる作戦的な技量を持ってしても、彼らの軍の持っている戦闘（戦術・作戦）の能力をはるかに越えたものであった[10]。

このようなドイツの際限のない政策目的と、有限な軍事手段の間のミスマッチは、彼らがいかに備えを強化してよく戦おうとも、東部におけ る無謀な冒険は完全に取り返しのつかないものであることを証明するだけだったのだ。これとまったく同じ要素は、ドイツがなぜ決定的な一九一八年という年に第一次世界大戦に負けたのかを説明するときにも使える。

「目的・方策・手段」そして「前提」という役に立つ公式の良いところは、あらゆる人間の活動における最も重要な要素にわれわれの目を向けさせてくれるところにある。そうすれば、実行段階における目的や手段、そしてその実行力や、その後に続く出来事によってしっかりした理屈の上に成り立っていたかどうかが証明される、当初の考えを見誤ることはないのだ。(11)

戦略家の多くが歴史の記録や、その中から推測される状態の中で失敗しまくっていることが推測されることからもわかるように、上の三つ（四つ）の要素が明らかに理解されていなかったり、理解されていたとしても誤った前提に立っていたり、特定の政治的状況下では適当ではないと判断されていたと考えるほうが自然である。

また、たとえ成功の可能性が少なくても、自衛的な行動が必須のものと感じられるような状況も存在する。それはまさに相手が「かくれんぼう」の鬼のような存在として感じられるような状況だ。国家は時として「戦う義務」という名誉のために行動するものであり、これはドイツがベルギー（イギリスはこの国の自発的な保証人のようであった）の中立を破ったことに対してイギリスが反発した、一九一四年の例でも明確だ。

イギリスには戦うための賢明な理由として「欧州の勢力均衡を維持する」という考えもあったわけだが、この考え方は大衆からの熱狂的な支持をとりつけるにはあまりにも抽象的すぎた。一八世紀であれば「大陸の勢力均衡を保つために限定戦争を戦う」という理由もありえただろうが、一九一四年には時代遅れになってしまっていた。

すべての戦争は多かれ少なかれ「独特」なものであり、細かい話や状況についての個別の特徴を持ったものであるが、われわれの戦略のメカニズムについての理解のためには「どのように？」という問いに対する決定的な答えが必要になる。

さまざまな問題がある中で戦略家が主張しなければならないのは、文官の政策・政治的な「岸」からかけられる「戦略という橋」が、その問いに対する実践的な答えを提供している、ということだ。ここでの問題は「なぜ戦いを考えなければならないのか」ではなく、「何を達成すべきなのか」である。この答えはあまりにも明白であるかのように思えるが、歴史の例が示しているのは、十分な、ましてや一貫した、政策の目的を決めることの難しさである。

これを別の視点から言えば、目の前で起こっている戦争においては、実践面において軍事的に十分な結果を生み出すことができないことを認める必要も出てくる、ということだ。あらゆる戦争にはそれぞれ特徴的な部分があり、すべての戦争には独自のダイナミクスがある。そして当初の開戦理由がどのようなものであれ、それらはつねに修正されるものだ。戦争では（長期戦ではなくとも）過去にも戦った国同士が再び戦うこともあることから、戦闘で「われわれの部隊」が優秀であることへの期待が裏切られる頻度が高いことは決して不思議ではない。どんな軍隊でも単なる「入れ替え可能な戦闘力のまとまり」ではないし、彼らの戦略における政策目的を可能にするために軍事的優位をもたらす能力は、机上の希望的観測論の域を出ないものであることが多い。戦略をうまく実行することが難しい主な理由のうちの一つは、その全体の流れに影響を与える可能性のある要因の数とその範囲が、莫大だからだ。

主に国内的な政治プロセスから出てくる政策目的は、その大きさの大小としてさまざまなものがある。戦略レベルの成功を生み出すためにはどれほどの軍事力が必要になるのかを決定するのは、やはり戦略家の任務である。

ほぼすべての戦争は、限定的な目的のために実行されるものだ。戦略史の中では、戦略家が「敵の打倒」という単純な任務を与えられることはほとんどない。しかもそのような任務が与えられたとしても、軍隊同士の衝突というメイン・イベント以外に、実に多くの考慮すべきことがあるのだ。たとえばこの戦略家が味方の部隊の戦術・作戦レベルにおける成功を最も考慮したとしても、同時に自国内の政治の安定性にも気を配っておかなければならないのである。これはまさに「大戦略（グランド・ストラテジー）」という概念に含まれるものだ。

あらゆる対外政策や国防政策が主に国内で作られるものであり、しかも「国内」という場は国民からの支持が不足していると戦略レベルの動きの足かせとなり、実際に歴史的にそうなってきたことは多い。第一次世界大戦の主な参戦国の中で、国民からの戦争支持、もしくは勝利への意志が崩れなかった国はイギリスだけであった。一般原則として、国家の軍隊というのは、その国の国内事情から切り離すことのできない存在だ。ソーシャル・メディアにおけるIT革命の結果として、このような軍と国内政治とのつながりは、政治的にさらに重要度を増してきた。携帯電話を持った兵士をコントロールするのは難しい。IT革命が起こる前の時代にアメリカが長期にわたって戦ったベトナム戦争（一九六五～七三年）での経験でもわかるように、軍事行動に対する国民からの支持の低下は、アメリカの国家戦略をあらゆる面から弱体化させることになった。ベトナムの例は、国内からの支持の喪失によるダメージとしては極端な例かもしれないが、それでも「国内から支持される戦略」の必要性を指摘している。

紛争ごとの特徴や背景の違いがあまりにも大きいため、「戦略の一般理論」は戦略家が目の前で取り組んでいる「どうすればいいか」という問題について、信頼に足る有益なヒントを与えられない場合がある。[12]この戦略家は、自分に与えられた時間の中で「敵にどうやって勝つか」を知りたいわけであり、実際にそれを探ろうとしているのだ。

さらに言えば、彼の「与えられた時間」が軍事的な膠着(こうちゃく)状態などのおかげで長期化してしまうと、たとえば与えられた当初の政策目的を見直したり、さらには自らそれを創り出す必要も出てくる。もちろん、劇的な修正がそもそも不可能な場合もある。二〇世紀におけるそのような結果が、二つの世界大戦であった。戦いはどちらか一方が明らかに敗北するまで続けられたからである。第一次世界大戦はまず第一に交渉によって停戦が実現したが、ドイツの敗北は当時、誰もが疑えないほど明らかだった。このときの唯一の疑問は、勝者側の政治によって、その敗戦条件がどれほど徹底したものになるのかということだけだった。結局のところ、この戦争で負けた側は、次の戦争では同盟相手になる可能性もあったからだ。

このような説明は、戦略における軍事的な次元だけに注目したものだが、同時に覚えておくべきなのは、戦略の思考における「逼迫性(ひっぱくせい)」という領域の存在だ。

すでに論じたので覚えている方もいらっしゃるかと思うが、戦略の論理(ロジック)は集合的な人間の行動にとって必須のものであり、しかもその行動は政治的にならざるを得ず、永続的なツキュディデスの三つの動機、つまり、恐怖、名誉、利益によって動かされている。戦略思考というのは、それが集団的なものか個人的なものかに関係なく、人間にとって必須のものなのだ。人間のほとんどの分野――政治、社会、道徳、そして軍事――の営み（いとな）では、現状についての「前提」にのっとった「目的・方策・手段」という実践的な論理（ロジック）が必要とされている。その極端なものが、英政府の「ドイツをどう倒すか」という政策的な課題に対して、戦略的な答えを出す必要に直面した例である。

むしろここで言えるのは、政府は敵に「失敗した」と確信させるのにどれほどの敗北を負わせればいいのかを見極める必要があるということだ。言い換えれば、政策の目的は、選びさえすれば完全に明らかになるものでもない。政策の政治的な選択というのは、最もエラーを犯しやすい分野に当てはまるものであり、成功を望むうえで最も致命的なものであるというのは、やはり当然であろう。

実際のところ、国内外での反発に直面した政府というのは、結果的に「政策目的には修正が必要だ」と認めざるを得なくなるものだ。困難に直面してからそれまでの仰々しい戦略の野望が打ち砕かれ、政治的に屈辱（不名誉）を味わったときなどはその典型だが、まさにこのような問題が、戦略を首尾一貫性のないものにしているのである。

■戦略が不在、もしくは混乱している場合

戦術とは違って、作戦面でのアートや戦略というのは、軍隊の指揮や指導にとって絶対的に必要なものというわけではない。作戦や戦略がなくても、兵士は戦術的な戦闘力を発揮して戦うだけであり、結果的に軍事面での優位を獲得できるかもしれないし、不利な状態に陥（おちい）るのを防げるかもしれないからだ。

私は戦略の重要性を強調しているが、このテーマは弾薬、食料や飲料、もしくは抵抗の意志などを扱ったものとは異なるものだ。これは実は幸運なことだ。なぜなら軍隊というのは、指揮官たちが「戦略的」と呼べるものをほとんど理解できていなくても戦えることが多いからだ。

この世には、戦略の存在やその中身を見抜くための、完全に信頼に足る――そして確認できるような――テストは存在しないが、その判断基準を下げれば、そもそも戦略が存在するかどうかくらいは突き止められる。その際に問うべきは「そもそも戦略があるのか？」であり、もし存在するのであれば「それに従った行動をとれているか？」となる。

ある戦略家の知恵とスキルについて判断する場合、そこで重要になるのは、その人物が部分的にでも責任を負う形で関与した、一連の出来事の流れである。読者の中には反発する方もいらっしゃるかもしれないが（そしてそれには一理あるのだが）、実は作戦や戦闘における軍事面での成功と

いうのは、単なる一人の戦略家の才能だけでなく、実に多くの「親たち」によって生み出されるものだ。たとえば単なるアクシデントや幸運、敵の無能（や不運）、さらには部隊のスキルや戦闘意志は、作戦面での優位だけでなく、戦争全般の成功をもたらすことがある。[13] よって、もちろん戦略や戦略家たちの能力を誇張すべきではないが、それ以上に重要なのは、それらを過小評価すべきでもないということだ。

劇的な成功や失敗は「偉大な戦略家」という迷信を生み出すものだ。[14] たとえば、ディヴィッド・ペトレイアス将軍の評判が急激に上昇して、それと同じくらい急激に下がった事例などは、その典型だ。いくら高い能力を持つこの人物でも、イラクやアフガニスタンでは奇跡のようなことは達成しなかったし、達成することもできなかった。[15] 絶望的に見える戦いから戦略の天才的な能力によってみんなを救ってくれるような、いわゆる「救世主的な将軍」の存在に期待する声は、この世につねに存在するものだ。ところが戦略の失敗や成功についての大衆的な理由付けというのは、役に立たないジャーナリズムの域を出ないものだ。

適切な戦略による導きのない軍隊は、戦いにおいて軍事面（もしくは戦略面）での優位の獲得、さらには、全体的な政治目的を達成しても報（むく）われないような努力と犠牲を強いられる深刻なリスクに直面しやすいことは、明らかであろう。国家の軍事戦略――現代のアメリカや最近の英国では「国家安全保障戦略」と言うが――という高いレベルでは、一般的な「戦略的効果」というものを生み出すべきだとされるのが、政策についての政治的な議論と、それに必要とされる軍事的効果をつなげる、「戦略」という存在だ。

ここで問うべきなのは、もし「戦略という橋」が不在であったり末期的な荒廃状態にある場合は、どうすれば政権の軍事的な努力と政治的な意図をつなげられるか、ということだ。これまで戦われてきた大小を含むほとんどの戦争では、軍事力の使い方について、それぞれ別の選択肢も存在した。たとえば大日本帝国は、以下の方策の一つや、それらの組み合わせによって敗戦に追い込まれた。

1　主に米海軍による、太平洋を越えた海洋からの侵攻、そして米海兵隊による水陸両用能力の活用。これによって米軍は最も重要なステージにおいてマリアナ諸島を占拠できたために、日本列島本土を爆撃できるようになった。

2　蘭印を通じた水陸両用作戦によってフィリピンと台湾を主に米陸軍の支配下に置くこと。これによって日本侵攻の準備が整った。

3　米陸軍の航空部隊によって中国本土から実施された、長距離爆撃作戦。

4　米海軍の潜水艦部隊と、最終的には航空部隊によって実施された、日本本土の海上封鎖。

もしくは、日本を降伏させるという戦略的任務は、マリアナ諸島に設置された新しい航空基地から飛んだ長距離爆撃機によって落とされた、たった二つの原爆によって達成できただろうか？　実際のところ、アメリカはこれら四つの戦略をすべて試みたのであり、もし広島と長崎の原爆投下で日本が降伏しなかったとしても、その後のアメリカ主体の本土侵攻計画は、一九四五年の後半に実行されていたはずだ。

第二次世界大戦の国際政治と戦略から、それよりも烈度の低い二〇〇〇年代の問題に軽く目を移してみよう。ここでもわれわれは再び、戦略の選択における首尾一貫性というものがどこにもないことに気づくはずだ。読者のみなさんには自分の好きな言葉を選んで使っていただいてもかまわないが、イラクでもアフガニスタンでも、アメリカは戦略の「目的・方策・手段」という相互依存的な論理（ロジック）における永遠の知恵から生まれるガイダンスの恩恵を受けることができなかったのだ。

では一体どのような到達可能な政策・政治目的によって、われわれの軍事・開発事業を導くべきなのだろうか？　われわれが国際的な目標のために追求すべきだった軍事作戦レベルの目標は本当にあったのだろうか？　われわれはアフガニスタンの一部で、アメリカ、イギリス、カナダ、そしていくつかのアフガニスタンの部隊が戦術レベルで必死に戦っていたことを知っている。ところがこの戦果は、援助や直接支援を行う多国間事業全体にとって、本当に役立つものだったのだろうか？[16]

すべての政権はそれぞれ異なる優先順位を持つものであるため、同盟関係における戦略の形成や実行は、つねに困難なものとなってくる。しかも戦略を作成する担当者があまりにも多くなるため、そもそものような目的を持った活動が最初から不可能な任務となってしまうことがよくある。

矛盾に聞こえるかもしれないが、戦略というのは主にそれが存在しなかったり、混乱していたりする状況においても、まだ有用性を持つものだ。あえてこのような矛盾したことを言う理由は、戦略よりも上のレベルからの命令というのは、その質がどのようなものであれ、それに関連する行動（ここで主に軍事的なもの）には戦略的な意味が出てくるという点にある。たとえば戦時に活動していない部隊でも、それが他の部隊と比べて活動していないからこそ――もちろんそれを効果的に活動させられなかった理由は「戦略の橋」についての意見の違いに由来するのかもしれないが――戦略的な帰結に影響を与えるかもしれないのだ。

また、目の前の問題について解決を迫られる「逼迫性」の重要性と同様に、すぐれた戦略、もしくは作戦レベルのデザインに由来することについてもオープンに考慮する必要がある。戦略についてのこのような議論は、その責任を軍の上層部や戦略の橋の上のほうになすりつけるものであるが、実際面では戦術レベルの心構えや（時として）作戦レベルへの焦点のほうが優位になることも忘れてはならない。つまりこれは、すべての軍隊が戦術レベルで活動するという意味であり、彼らの世界は「戦術世界」にあるということだ。

戦略レベルの領域の重要度は高いのかもしれないが、かなり抽象的であり、そもそもそれを把握するのが難しいこともある。作戦や戦略というのは（主に）軍のリーダーたちの想像と危険な情勢、または優位を得られるチャンスについての思い込みなどの組み合わせに由来するものだ。戦略と作戦の目標というのは、必然的に戦術レベルにある軍隊が生きる領域の外から課されるものだ。もし戦略と作戦が「戦術的な軍事力」を理解できないと、後者はただ自分がよく知っていることをやるだけだ、という話になってしまう。しかも切迫した状況では、彼らは自分たちの想像した範囲でしか行動できなくなる。兵士というのはいざ戦闘が始まると、そのほとんどの時間を「戦術レベル」の、潜在的な危険に囲まれた世界で過ごすことになる。彼らは自動的に作戦や戦略に導かれ、戦略的に意味のある目標の達成に向かって動くわけではないのだ。

作戦や戦略の価値はさまざまであるが、すべての軍事的な行動は、そもそも戦術的なものである。ところがこの「永遠の真実」は、人々に本当に理解されるべきであるのに、そうなってはいない。よって、戦略的な行動がそもそも不在となることもありうるのだが、その理由は戦略の「質」が（戦術レベルの）行動の結果でしか測れないからだ。

プロの軍人は、つねに戦術的な世界に生きているものだ。その世界では、陸、海、空、そして宇宙、さらには少なくともサイバースペースというそれぞれの戦場において、生き残り（サバイバル）と勝利が目指されている。戦いのパフォーマンスにおける物理的、知的、そして道徳面での課題というのは、圧倒的に戦術的なものだ。そして実際の戦いとなると、そこで直面することになるのは「望ましい結果」ではないことが多い[17]。この事実は、少なくとも明日も戦えるように今日の生き残りを考える人々にとっては正しい。

ところが戦略と戦術の技量が存在しなかったり混乱したりしていると、部隊にとっての戦術的な成果は非常に恐ろしいものとなりかねない。戦略というのは戦術という機能を通じて実行されるものなので、それが敵のものか味方のものかに関係なく、完全に戦術レベルでのパフォーマンスの結果に左右されるものだ。戦術レベルのパフォーマンスが（大小の規模にかかわらず）戦略レベルの狙いを進めるものであるとすれば、それは「運」によって解決させるようなものであってはならないし、さらにはプロの軍人たちの希望的観測的な「願い」に左右されるものであってはならないのである。

■戦略——その限界や代理品は？

本章は、現代の困難な問題の解決法を求める際に、戦略という「橋（ブリッジ）」にあまり過剰な期待をしてはいけないと述べ、その理由を挙げることからはじめた。戦略に過剰な期待をかけてはいけない最大の理由は、それ自体がきわめて難しいという点にある(18)。戦略はその実行がきわめて難しいという事実は、いわば当然である。なぜなら「恐怖、名誉、利益」という三位一体を構成する「動機」によって突き動かされる敵との争いの中で、その相手の戦略レベルでの努力を無効化するようなことが求められるからだ。軍が戦術レベル、そしてその結果としての作戦レベルと戦略レベルでの効果を同時に発揮することを求められたような場合、戦略が直面する課題の大きさは火を見るよりも明らかだ。

本章では「戦略レベルの行動が無意味になることもある」ということを示唆してきたわけではない。ただし実際的な問題、とりわけ戦術・作戦レベルからのもので、戦略・政治レベルの狙いに応えられないものは、致命的になることもある。また当然のように、現場の兵士の命の危険に関わる戦術レベルの状況が、戦略的に重要な目標の軍事面での実現を、いとも簡単に阻害してしまうようなこともありえる。戦術、作戦、そして政治というのは、戦略家にとって、そのすべてがつねに考慮すべきパーツだ。ところがこれらのパーツは、それぞれ単独でも組み合わせによっても、戦略だけが担当できる「つなげる仕事」を行うことはできないのである。

プロの軍人たちに対して、戦略に代わる適切な代用品は存在せず、それを作り上げることもできないと説得するのが難しいこともある。まったく同じ疑念のおかげで、兵士たちはある戦略の中に欠けている要素を外から補うことができると考えがちだ。ところが歴史が教えているのは、そのような適切な代用品というものは存在せず、戦略の価値に存在する限界は、物理的で状況的に特殊なものであると同時に、概念的なものである可能性もある。

戦略をデザインしてそれを実行するのは難しいのだが、その理由の一つとして重要なのは、その成功と失敗が、作戦・戦術レベルでの総合的な成果を反映したものであるからだ。学者やコメンテーターたちが、彼我（ひが）の戦略のどちらが優れているかを論じている場合、それは戦術と作戦の両レベルにおける軍事活動の、総合的な成果について語っていることになる。兵士は戦術レベルの中で生きている。ところが戦略の任務は、その兵士たちの戦術レベルでの努力に、目的と方向性を与えることにあるのだ。

戦略における限界を、二つのカテゴリーに当てはめて考えるのは有用かもしれない。一つ目は概念的なもの、二つ目は戦闘能力である。

一つ目のカテゴリーは、戦略家がある戦略問題を解決する最適な方法を想像する際に持っている、生来のそれぞれ異なる能力のことを示している。政府が開戦を決心したとして、それをどのように終わらせて、どこで戦い、どの軍事的なツールを使い、軍事的に達成可能な目的をどこに設定すればいいのだろうか？　いざ攻撃された場合、ＮＡＴＯはどのように守ればいいのだろうか？　それぞれの選択肢にはほぼつねに代替案があるし、それぞれの案にはそれを提唱する人物がいるのだ。

戦略の限界についての二つ目のカテゴリーは、選択された戦略によって設定された目標を達成するための軍事的ツールが、本当に使用可能なのかどうかを示している。ある国や同盟国たちが実にすばらしい戦略を思いついたとしても、その軍――そしてそれに関わる国民たち――は本当にその任務をこなすことができるのだろうか？　きわめて優れた「わかりやすい戦略」でさえ、それを戦術レベルで実際に実行する人々にとっては、過度な要求となる可能性がつねにあるのだ。

ここで覚えておかなければならないのは、戦略はつねに戦術レベルで実行されなければならず、しかもこれはそれを可能にするだけの能力を持った、それなりの意欲を持った人間によって行われなければならないということだ。

戦略の歴史に関する一般書籍や論文などには、戦略と戦術の決定的な違いがわかっていないものが多い。この体系的な問題は、学界でも実際の軍事行動においても、正しく認識されてこなかったのである。

注

(1) これについての最高の指針を提供してくれているのは、信頼性の高いベアトリス・ホイザーの以下の著作である。Beatrice Heuser, *The Evolution of Strategy: Thinking War from Antiquity to the Present* (Cambridge: Cambridge University Press, 2010), ch. 1. さらには以下も参照のこと。Lawrence Freedman, *Strategy: A History* (Oxford: Oxford University Press, 2013), especially ch. 6; and Colin S. Gray, *The Strategy Bridge: Theory for Practice* (Oxford: Oxford University Press, 2010), ch. 1.

(2) 以下を参照のこと。Freedman, *Strategy*, xiii.

(3) 私は「戦略的効果」という微妙だが重要な概念について説明している。Gray, *The Strategy Bridge*, ch. 5.

(4) Carl von Giausewitz, *On War*, trans. Michael Howard and Peter Paret (1832-4; Princeton: Princeton University Press, 1976), 177〔カール・フォン・クラウゼヴィッツ著、日本クラウゼヴィッツ学会訳『戦争論 レクラム版』芙蓉書房出版、二〇〇一年、一八四頁〕.

(5) この問題をきわめて詳細に扱ったものとしては以下の文献を参照のこと。Rupert Smith, 'Epilogue,' in John Andreas Olsen and Martin van Creveld, eds., *The Evolution of Operational Art: From Napoleon to the Present* (Oxford: Oxford University Press, 2011), 226-44.

(6) 「したがって、戦争は、一つの政治的行為である」、そして「戦争は、政治的行為であるばかりでなく、本来政策のための手段であり、政治的交渉の継続であり、他の手段をもってする政治的交渉の遂行」である。

Clausewitz, *On War*, both on p. 87〔クラウゼヴィッツ著『戦争論』四三頁、四四頁〕.

(7) 以下を参照。Antulio J. Echevarria II, 'Dynamic Inter-Dimensionality: A Revolution in Military Theory,' *Joint Force Quarterly* 15 (Spring 1997), 36.

(8) 比較的最近になってから発見、もしくは発明された戦争の「作戦レベル」というアイディアは、批判を集めながらも生き残ってきた。上の戦略と下の戦術をつなげている「作戦」という概念が示している意味の最も明快な説明については以下の著作の中に見ることができる。Aleksandr A. Svechin, *Strategy*, 2nd edn (1927; Minneapolis: East View Information Services, 1992), 'Introduction,' 67-80. 戦争の「作戦レベル」に対する完全な批判については以下を参照のこと。Justin Kelly and Mike Brennan, *Alien: How Operational Art Devoured Strategy* (Carlisle, PA: Strategic Studies Institute, US Army War College, September 2009).

(9) 以下を参照のこと。Gray, *The Strategy Bridge*, ch. 4.

(10) この意見については以下で明確に論じられている。Mungo Melvin, *Manstein: Hitler's Greatest General* (London: Weidenfeld and Nicolson, 2010). また以下の文献も参照のこと。Evan Mawdsley, *Thunder in the East: The Nazi-Soviet War, 1941-1945* (London: Hodder Arnold, 2005); and Jehuda L. Wallach, *The Dogma of the Battle of Annihilation: The Theories of Clausewitz and Schlieffen and Their Impact on the German Conduct of Two World Wars* (Westport, GT: Greenwood Press, 2005), chs. 16, 18.

(11) 以下の著作は、重要であると同時に質も高い。Henry R. Yarger, *Strategy and the National Security Professional: Strategic Thinking and Strategy Formulation in the 21st Century* (Westport, GT: Praeger Security International, 2008).

(12) 私は次章で時代に左右されない戦略の一般理論を説明している。

(13) 歴史的な重要性を持っているにもかかわらず、戦略面での成功の理由について信頼に足る研究はきわめて少ない。以下の著作は成功の永続的な理由を理解するための大きな助けとなるものだ。Williamson Murray

and Richard Hart Sinnreich, eds., *Successful Strategies: Triumphing in War and Peace from Antiquity to the Present* (Cambridge: Cambridge University Press, 2014).

(14) フリードマンは以下の文献で「戦略の達人」というエキサイティングなアイディアに没頭している。Freedman, *Strategy*, ch. 17. 彼は私の著作を誤読して分析していたため、私は書評でそれを厳しく批判した。Colin Gray, 'Book Reviews,' *International Affairs* 90/2 (March 2014).

(15) 以下を参照のこと。Fred Kaplan, 'The End of the Age of Petraeus: The Rise and Fall of Counterinsurgency', *Foreign Affairs* 91/1 (January/February 2013), 75–90.

(16) NATO軍の兵士たちは、二〇〇〇年代にアフガニスタンで古代からの戦略の真実である「ゲリラ戦においては決戦のようなものは存在しない」ことを学び直すことになった。Mao Tse-tung, *On Guerrilla Warfare*, trans. Samuel B. Griffith (New York: Freder ick A. Praegei; 1961), 52.

(17) この文章における私の「道徳的」という言葉は、あえて古典的な意味として使っているが、これを時代遅れのものとしてとらえていただきたくない。現在ではこれが倫理的な判断基準という意味合いになることが多いが、私はこれを行動の一つの基準や性質であるとしている。私が使ったような意味は、つい最近まで世間で広く使われていた。

(18) この事実について私は以下で論じている。Gray, *The Strategy Bridge*, ch. 4.

第3章　理論と実践

兵士というのは「実践的な人間」の典型であり、落ち着いた状況ではなく、むしろ非常に流動的な状況の中で、きわめて実際的な問題を解決することに身を捧げている人々だと言える。彼らの職務は、上からの命令を実践的に実行する必要性に支配されており、「創造的な戦略形成の必要性」を感じることは少ない。多くの兵士――そのほとんどだと思うが――は、そもそも自分に下された命令の理由について、あまり関心を持たない。彼らの軍人としての職務は、主に刻々と変化する「どうすればいいのか」という問題によって形成されたり動かされるものだからだ。

本章の最大の狙いは、なぜ戦略の理論がそれほどまでに重要なのかを説明することにある。何人かの自称「実践的な兵士」による思いつきの意見などとは違って、戦略理論の主な機能は、純粋に「説明すること」にある。本書ではすでに説明した通りだが、戦略に関することはつねにカオス的で危険なほど混乱したものであったり、または実際にそのように見えるものだ。

軍事的な動きには数千から数百万の人々が関与し、いくつもの組織や政治的・文化的な特徴を持った集団が機能的にまとまり、共通の戦略目的を目指して指揮される必要がある。この事情を踏まえて考えると、この事業全体の規模の大きさを知的に把握できる人間が少ないのは当然と言えよう。

また、戦略的な文脈が理解できたときに(もしできればだが)われわれが思い起こさなければならないのは、「戦いというのは複数以上のプレイヤーによるゲームであり、その性格も環境によって変わる」ということだ。言い換えれば、複数の複雑な政治的権威(主に国家であるが)がいざ戦争を戦おうとするのであれば、同盟を結ぶなどして互いに協力する必要が出てくるのだ。

政府や軍のような公共機関でのみ使われる「理論」は、任務をこなすことを期待された軍の専門家たちを教育するために、考案されたり教えられたりするものだ。ところが、あらゆる脅威に対応したりすべての軍が利用できるような戦略の一般理論にも、需要がある。戦略の一般理論の重要性については、以下で説明して行きたい。

■一般理論

ロシアの優れた戦略家であるアレクサンドル・スヴェチンが一九二七年に述べたように、近代の戦略思考の伝統は、一七七〇年代よりも以前にさかのぼることはできない[1]。ところがスヴェチンが示していたのは「現代の戦略家たちも認識できるような明確な概念において」という意味であった。たしかに彼は正しい。古代のギリシャ・ローマや中国、さらには「野蛮人」たちにおいても、後に「戦略」と呼ばれるようになった分野の教育は存在しなかったからだ。

ところがわれわれは、このような表面的な沈黙に騙されてはいけない。なぜなら戦略というのは、機能的な意味で、つねに人間社会において（そして人間ではない類人猿にも）[2]「集団を守る」という任務を負った者に必要とされてきたからだ。われわれは明示された形の「戦略の理論」のようなものを古代の文献から発見することはできないが、これはまさに表面的な話でしかない。ペリクレスやアルキダモスらの議論の中に「戦略的」とも言える要素を見出そうとするのは、その当時の特殊な時代背景にさえ注意していれば、まったく時代錯誤的な話とは言い切れない[3]。紀元前四三一年から四〇四年まで続いたペロポネソス戦争は、長期にわたる大戦争であったが、その参戦国のリーダーたちは、その市民たちに向かって、現代にも（そして彼らの文化、場所、時代にも）通用する、戦略的な判断を行う義務を背負っていたのだ。

もちろんその当時の歴史的な証拠が不完全であるのは間違いないのだが、それでもわれわれは今日における「戦略」と同じ意味のことが、古代でも実践されていたと確信を持っていいだろう。われわれがいま「戦略」としてとらえているものは、その呼ばれ方はどうであれ、歴史を通じて概念化され、応用されてきたのである。「戦略は比較的最近になって登場したものであり、一八世紀後半に英語、フランス語、ドイツ語、そしてイタリア語で理論的な発展が起こるまで、まったく使われていなかった」という考えは、やはり否定されるべきものであろう。

「古代の文献には、近代（一七七〇年代）以降に発明されて構成された『戦略』という概念と比較できるようなものは存在しない」という主張はたしかに正しいだろう。ところが近代以降の戦略の理論のエッセンスは、古い時代の文献や、実際に成功したり失敗した、さまざまな軍事的な行動の中にも発見することができる。(4) 当然ながら、戦略思想や行動の証拠は、人類の歴史の中のあらゆる時代とあらゆる場所に発見できるものであり、その使用言語やその必要性の理由は問わないものだ。


戦略思想というのは特定の人間社会の不安感や野望に密接に関連したものとして現れることがあるため、時代や場所、そして文脈などに関係なく存在するものであることが見逃されがちだ。歴史の中の特定の政治問題の重要性ばかりに目を奪われないようにするために、われわれは近年に起こったことの中にも戦略の重要な要素が「永続的な真実」として存在することを見極める必要がある。便宜上ではあるが、われわれはこのような要素を「戦略の一般理論」の形成に使えるかもしれない。私の考えでは、一般理論というのはこの分野を担ってきた多数の著者たちの著作の中から摘出し、歴史的な経験という「水」を蒸留することによって導き出せるのだ。(5)

ここからは、戦略という人間の永続的な営みの中に見ることのできるものをそれぞれ説明していく。私はここで、この理論を構成する各要素を「格言」（dicta）として扱うつもりだ。この格言とは、理論というよりも、どちらかといえば「公式声明」という意味である。戦略についての理解やその実行の多くは、実際は特定の不安や世界観から導き出されたものであり、「戦略の意味と示唆を発見した」と主張させてしまうような過剰な興奮をあおるものは賢明とは言えない。ところが理論づくりという任務では「慎重な謙虚さ」さえもあえて避けるような大胆さが必要になってくるのだ。

私は以下で紹介する「理論」を、人類のあらゆる戦略経験のすべてに確実に当てはまるものだと主張しているわけではない。ただし私は、表３・１に掲載されている理論が、特定の状況の特殊性を避けるという条件を踏まえて考えれば、現時点において十分に妥当なものであると考えている。「戦略の一般理論」というのは、住んでいた国もそれぞれ異なる、戦略の選択におけるジレンマを実にさまざまな状況の中で経験してきた数々の理論家たちの筆によって記されてきた、数百年間、いや数千年間にわたる人類の知恵を凝縮したものだ。

読者のみなさんは、表３・１で披露される格言について、現時点においては自信を持って信頼していただきたいし、特殊な状況だけに当てはまるような格言については排除している。全体的に見て、私はこの表に関しては今日の戦略を理解するうえで信頼に足るものになったと考えているが、それでも時代が変わってしまえばこのうちのいくつかは誤ったものになる可能性があることも理解している。

この理論はなるべく永続的なものになることを念頭において作成されたものだが、それでもわれわれが戦略史――もしくは非戦略的な歴史――に不意打ちを食らう可能性はある。戦略は「生きている」理論であり、ここで示された戦略の理解は、著者である私が培ってきた、一般理論に必須の要素について考えたものだ。そのような観点から、表3・1を作るときには、戦略家たちが自分たちの国の国家安全保障の任務につく場合になるべく役立つことを意識した。

それでも私は「格言12」で述べているように、インテリジェンスについては、各自それぞれが責任を持って追求すべきであると述べるにとどめた。インテリジェンス担当の調査機関が国家に迫る危機をやっきになって見つけ出そうとすれば、他国に無駄な不安感を抱かせるだけだ。もちろん諜報関連機関が海外の国土における危険について警戒するのは適切な姿なのだが、それをあからさまに推測することは、ある程度控えたほうがいい場合もある。

戦略の一般理論のようなテーマに関連するアイディアをまとめた本当に権威のある理論は存在しないという事実を踏まえて考えれば、野心的な理論家たちは、説得力のある「格言」のような形でその理論を提案するか、それを推測するしかない。そしてその理論が支持されるだけの価値があるかどうかは、今日、もしくは明日の理論家たちに決めてもらうしかない。

たとえば私は、一般理論というものはインテリジェンスによって為される貢献を公式に認めなければ完成しないと確信している。ところがこの助言は、「信頼性」に関する率直な注意書きとともに告げられるべきものだ。

この戦略理論は、特定の志向性を明らかにしない、いわゆる「準理論」でしかないという批判を招くものかもしれない。このような批判には一理あるのかもしれないが、ここではやはり戦略を著

表3.1　23の格言によって構成される「戦略の一般理論」

戦略の本質と様相

1. 大戦略とは，ある「安全保障コミュニティー」のある程度，もしくはすべての資産（アセット）を活用するための，指針やその使用のことだ．これには，政治によって決定された政策目的のために使われる，軍事的なツールも含まれる．
2. 軍事戦略とは，政治によって決定された政策目的のための軍事力の行使，またはその行使の脅しを活用するための，指針やその使用のことだ．
3. 戦略は，政策を軍事やその他のパワーと影響力のためのツールとつなげ，それを維持することを意図して作られた，唯一の「橋（ブリッジ）」である．
4. 戦略は総合的な戦略的効果を発生させることによって，政治に対してツールとして貢献するものだ．
5. 戦略は敵対的なものだ．それは平時と戦時の両方で機能し，敵（そして自らの同盟国や中立国まで）をコントロールするための措置を追求している．
6. 戦略にはつねに騙しが必要であり，皮肉な帰結を招くことが多く，時として逆説的なものとなる．
7. 戦略とは人間的なものだ．
8. 戦略の意味と特徴は，状況的な文脈によって方向づけられたり決定されるわけではないが，それによって突き動かされるものであり，それら文脈すべてはつねに作用しており，現実的にはたった一つの統一的な「超越的文脈」を構成しているものとして理解できる．
9. 戦略は永続的な性質を持ったものだが，諸戦略（strategies：たいていの場合は公式・非公式にかかわらず突発的な作戦行動の意図を表した計画のこと）にはさまざまなものがあり，一時的な独特かつ変化しつつある文脈によって（決定づけられるわけではないが）突き動かされ，その必要性は個人の決定として表現されるものだ．

戦略の形成について

10. 戦略というのは対話と交渉のプロセスを通じて形成されるものだ．
11. 戦略は，アイディアと行動の価値観が反映された領域の話だ．
12. 戦略の形成は，公式・非公式に収集されたインテリジェンスの理解にのっとって決断されるべきものだ．この必然の活動では，敵の発する偽情報の危険についてつねに警戒を怠るべきではない．
13. 歴史的に見ると，ある特定の「諸戦略」は文化や人間の性格によって動かされることが多く，それらにつねに影響されてきたのだが，一般理論の「戦略」はその限りではない．

戦略の実行について

14. 戦略という「橋」は，効果的な「諸戦略」によって支えられなければならないものだ．

15. 戦略は，政策や作戦や戦術よりも，その作成と実行が難しい．戦略の形成と実行は必然的にあらゆる種類の「摩擦」を生じさせるものだ．
16. 戦略の機能の構造については，政治目的，選ばれた方策，そしてそれを可能にさせる手段（とくに軍事的なものだが必ずそうというわけではない）によって構成されるものとして説明されるのが最適であろう．そしてこの三つの働きは，それが認識されている，いないに関係なく，支配的な「前提」を土台にして，形成され，さらにはそれに突き動かされるものだ．
17. 戦略は「諸戦略」によって表現されるものである．この「諸戦略」とは，直接的／間接的，順次的／累積的，消耗的／機動＝殲滅的，残存的／襲撃的（遠征的），もしくはこれらを複雑に組み合わせたオプションによって構成されるものだ．
18. すべての「諸戦略」は特定の地理的文脈に影響を受けるが，戦略そのものは影響を受けない．
19. 戦略は変化しないし，実際のところ変化のさせようのないもので，激変するテクノロジー的な文脈という舞台の上で行われる，思考と行動における人間の営みである．
20. 戦略とは違って，すべての「諸戦略」は一時的なものだ．
21. 戦略は後方業務的なものだ．
22. 戦略理論は軍事ドクトリンを生み出すための最も根本的な土台である．そしてドクトリンとは「諸戦略」をよく導く，その「実現手段（エネイブラー）」なのだ．

戦略がもたらす結果について

23. すべての軍事行動は実行面において戦術的なものだが，それが意図されているかどうかにかかわらず，作戦レベルや戦略レベルでの効果を持っているものだ．

者の戦略の好みをすべて排除した形の、一般理論という枠組みの中から理解しようとすることが重要だ。

「戦略」という永続的なテーマの「智慧」に至る最初のステップは、それが何を提供していて、しかも間接的にはまずい選択によって大災害を引き起こす可能性があることを把握することにある。この一般理論（もしくは準理論）の背後にある最も重要な目的は教育にあり、いわゆる実践的な政策アドバイスのためのものではない。一般理論は教育的なものであり、そこから特定の決断を勧めるアドバイスを導き出すようなものではないのだ。

ところが戦略の実践で成功をつかむ確率は、政府の担当者がここで示された戦略の選択領域を理解できていれば、上げることができる。もし戦略の一般理論が誤解を生むものでないとすれば、現実の世界の目の前の問題で選択する際に役立つ（といっても戦略家にとっての簡単なマニュアルではないが）、一つの思考の枠組みとしてそのまま維持されるべきものであろう。そして当然ながら、戦略の一般理論をよく学んだ政治家や官僚、そして兵士たちも、この知識を使って誤った選択をしてしまう可能性はある。

歴史家のウィリアムソン・マーレーは、古代ギリシャ最大の戦争が今日においてもなぜ重要な意味を持っているのかについて説明しており、ツキュディデスによるアテナイとスパルタの紛争の歴史の中に人間の政治的・道徳面における永続的な条件が、なぜいまだに生きているものと見なすべきかを説いている。マーレーは以下のように論じている。

ツキュディデスは本当に「永久に残る」歴史書を書いた。それは戦争、その実行、そしてそこから生じる悲惨な帰結についての理論的な理解に満たされている。その完成から二四〇〇年とちょっと経た後も、人間の歴史は相変わらずそれと同じパターンを繰り返している。ただし、『戦史』が二一世紀においても大きな重要性を持っているとしても、その深く普遍的な分析のために、かえって現代の人々はツキュディデスが最初に想定していた読者たちよりも準備不足であるといえよう(6)。

私がここで現代のプロの歴史家によるこの率直な判断を引用した理由は、「あらゆる歴史は、戦略の一般理論の論理的な権威に照らし合わせて考えられるべきだ」という議論の正しさを強調するためだ。たしかに各時代の中で将軍たちは自分たちの生きた時代特有の文脈や状況に適した行動をしてきたのだが、同時に彼らはすべからく戦略の一般理論に明示されている原則に従わなければならなかったのだ。ペリクレスからペトレイアスに至るまで、彼らが直面した問題はまったく同じだ。

ここで読者たちに注意していただかなければならないのは、私のこの主張は、現代のすべての戦略思想家たちに正しいものとして普遍的に受け入れられているものではない、ということだ。

■理論と実践

最も偉大なプロイセンの戦争の理論家であるカール・フォン・クラウゼヴィッツは、理論の主な役割——少なくとも彼の強みであった、かなり珍しい一般理論——が教育にあり、訓練ではなかったと明確に説明している。彼の主著である『戦争論』は、戦争と戦いの「本質」を解き明かすものだが、それは好ましい方策や、その当時の政策、さらには戦略が抱えていた問題を解決するための最適な方法を導き出すためのものではなかった。一八一〇年代後半から一八二〇年代にかけて何度も中断して書かれたこの本は、二一世紀の戦略家たちの問題に直接有益なことを明らかに教えてくれるわけではない。ツキュディデスが紀元前五世紀後半のギリシャの経験について書いていたのと同じように、クラウゼヴィッツも「永続的に関心を持ってもらえる」ような問題について書いていた。そしてこのプロイセンの将軍が提供していたのは、当時の必死な政治家や将軍たちが求めていた、直近の問題についての実践的な解決策ではなかった。一般的な戦略理論は、それが提供できることのみに価値があるのだが、兵士が現実の難問に直面すると、その存在は影を潜めてしまう。さらなる説明として、クラウゼヴィッツは以下のように、兵士たちに厳しい警告を与えている。

理論は、精神にとって問題解決のための方法を与えるものではない。また、原則の必然性ということをもって道筋の両側を区画し、その狭められた細い経路上にたった一つの解決法があることを指し示すものでもない。そうではなくて、理論によって、精神に対して多くの事象とその相互関係に関する洞察が与えられ、今度はより高度な行動の領域で再び精神に自由が与えられる。そうして、精神は、その内的な力を統一して最大に発揮し、思考の産物というよりは、身に迫った危険に対する自然な反応のようにみずからの明白な考えとして、真実と公正をはっきりと認識するようになる。(7)

理論についての最も明示的な説明として、クラウゼヴィッツは「理論は必ずしも積極的な学説、すなわち行動のための指令（ドクトリン）である必要はない」とこれ以上ないほど明晰に述べている。[8]

理論が、戦争を構成する対象を研究し、一目見ただけでは融合しているように見える対象をより鋭く弁別し、手段の特性を完全に明示し、生起の可能性のある手段の効用を示し、目的の本質を明確に規定し、戦争の分野のいたる所に常続的に批判的考察の光を当てるならば、既に理論の任務の重要な部分は達成されたことになる。そうなれば、理論は、書物によって戦争を学ぼうとする人々のよき案内者となるであろう。理論は、戦争を学ぼうとする人々のために、いたる所で道に光を照らし、彼らの歩みを容易にし、判断力を養い、迷路に陥ることを防止する。[9]

この警告によれば、理論家の考えた原則やルールというものも、訓練されてきた行動のための「考えの枠組み」を思慮深い人に提供するものでしかなく、やるべき行動を正確に示す「指針」を提供するものではないのだ。[10] この戦争と戦略の本質について最も権威を持った著者が、特定の戦場や会戦のための指示や命令を提供しようとしていなかったことは明らかだ。クラウゼヴィッツは一般理論の目的が現役の戦略家の教育にあり、この戦略家が自身の担う実践的な決断をできるようにすることが重要であると理解していた。これが意味しているのは、実践面では（表3・1で示されたような）一般理論にあるような全般的な指針を、一つ、もしくは複数の地理的な文脈や独特の戦略環境から生じる特定の要件に「訳す」必要があるということだ。言い換えれば、現役の教養のある戦略家が問わなければならないのは「一般理論は自分に何を、そしてなぜ警告しているのだろうか?」という質問なのだ。

この理論は、プロの軍人たちにこれから直面するであろう問題の本質について警告するものだ。ところがそのように認識しても、実行可能な解決法が保証されるわけではない。たとえば二〇〇〇年代のアフガニスタンでは、NATO側の知的・政治的な面での明らかな短所を非難することもできたのかもしれないが、「山積していた問題を当局が把握する限り、アフガニスタンの治安を実質的に改善させる、いかなる手段もあり得なかった」という議論のほうがむしろ正しかったと言える。[11]軍が最大限の努力をしても成功できない「政治的な任務」というものはやはり存在するのであり、その不可能なことを達成しようとする「見込みのない試み」を防ぐためには、政策と戦略で「慎重さ（プルーデンス）」が必要になるのだ。

目の前の問題を理解するために一般理論を参考にしながら考えてみるのはたしかに有益ではあるが、それでも事実として残るのは、このような理解はそれだけで決定的な答えを提供してくれるわけではないということだ。もちろんすべての戦略問題が概念的なものというわけではない。一九一六年から一七年までのイギリスのキッチナー卿率いる「キッチナー陸軍」（New Army）は、ドイツ陸軍を倒すだけの戦術・技術面でのスキルを持っておらず、この状態は一九一八年の晩夏まで続いた。[12]時代を進めて一九四〇年から四三年におけるドイツ国防軍との戦いでも、英陸軍はまだ質・量ともドイツと互角に戦えるような状態になっておらず、第二次世界大戦を通じても一九一八年秋の「百日攻勢」で到達したレベルには決して達成することができなかった。[13] イギリスの一九四二年の「エル・アラメインの戦い」での勝利はたしかに大きなものだったが、それはドイツ・アフリカ軍団に物的にも人材的にも圧倒的に優っていたから勝てただけであった。

国内政治の実情も、まさに「戦略的失敗」と言えるような状態をもたらすことがある。中東で実践された対反乱作戦（ＣＯＩＮ）理論が西側諸国でいかによく理解されており、しかもＣＯＩＮが実践面でどれほど改善されようとも、国民がその政治・戦略的な問題に耐えきれなくなったり興味を失ったりした場合は、その（冒険的な）事業は実質的に終わりを迎えることになる。[14] その結果は、非常に厳しい言い方でいえば「敗走」につながるのである。

ツキュディデスとクラウゼヴィッツは、ともに「運命の女神」、つまり「チャンス」というものを強調しながら、戦略の実践においては予測不能な要素によって妨害されやすいことをよく理解していた。戦略の歴史全体からわかるのは、実にさまざまな要因が「狙ったゴールまでの一直線の行進」と思われたものを妨害するということだ。勝てる戦争、持続可能な平和、信頼に足る同盟――これらは現時点では理論的に十分自信を持てると思えるものでも、歴史的な実例から見れば、失敗する可能性を秘めていることがわかる。政治家や戦略家たちは、未来についての楽観的な見通しへと簡単に引きつけられてしまう存在なのだ。

■国民的（そして文化的）文脈

そもそも戦略の一般理論を打ち立てようという試みは、歴史的に見てもきわめて例外的な話だ。当然のこととして予想されることだが、われわれ戦略家は、いわば「部族的な性質」という、どちらかと言えばあまり好ましくないものに固執しがちであった。過剰にエキサイティングで意欲的であり、さらには危険な「瞬間」にあふれた戦略史を見ても、そこには控えめな格言集や、大衆的な本くらいしか見つからない。一般的に「古典」と呼ばれる、文化を越えて読みつがれてきたようなわずかな数の著作でも、一般理論の議論ではほとんど役に立たない特定の戦略的「前提」が強調されすぎているのだ。本書の議論にとっては微妙な事実ではあるが、戦略の「真実」というのは、戦略が実践されてわかりやすい文化的外観によって生まれた場合に、最もよく認識され、実践されて成功することが多いのである(15)。

私が議論したいのは、戦略についての議論は最も一般的な形で行ってはいけないということではなく、むしろそれが生み出された当時の直近の問題から感じられる圧力や壁が越えられないものに見えてしまう、ということだ。さらに言えば、直近の問題についての意識というのは、そのほとんどが特定の時代や場所、そして地理に影響されたものだ。

ただし私がここで問題にしたいのは、そのような特殊な状況に左右されない人々や制度機関による、私利私欲のない客観的な検証ではない。戦略の実践のための理論を含む「戦略」というのは、その定義からもわかるように、つねに目の前の、もしくは近い将来の、最も重要な問題に関与してきたものだ。したがって、あらゆる文化のあらゆる専門性を持った戦略理論家たちが、彼らの社会に及ぼしてくる安全保障面での脅威に対抗するために理論を書いてきたことは、いわば当然のことなのだ。彼らは自分たちが生きていた同時代の人々だったら簡単に共感できるような、特定の状況の枠組みの中の戦略問題について書いてきたのである。

戦略理論は、数千年間にわたって「真実」を求めるような科学的な精神で書かれてきたわけではなく、むしろ「公共善」のために書かれてきたという事情があるために、その理論に関する著作はいますぐ「効く」ような、いわば「現世利益」的な志向が強い。理論家たちは、その当時の安全保障問題に関する議論や行動に影響を与えるために書いてきたからだ。

私は読者のみなさんに、戦略史（これには自分の国や民族のものを含む）を見る際に、長期的な視点を持つことを勧めている。もちそんそれは難しいのだが、うまくいけば政策に関する直近の独特な議論の中にも、本書で主張されているような一般理論の一貫性が存在することに気づけるようになるからだ。対抗する戦略や実際の軍事態勢のアイディアについては、それぞれの間で互いの強みや弱点などについて意見が戦わされることになり、その中から最適なものを選ぶのが難しくなることがある。ただし短期的な特定の問題に対処するための「諸戦略」の背後にある——しかも無意識的に隠されている場合が多い——一般理論の構造を見ようとすることは、かなり有益なことだ。短期的、さらには目前の問題だけに集中するような視点は、一般理論が推し進めるべき判断における「慎重さ」を損ないかねない。もちろん一般理論は特定のケースに当てはまるようなものであってはならないのであり、もしそうなればその本来の目的を失い、そもそも矛盾した存在になってしまう。戦略の「教育のための重要なツール」としての役割は、決して軽視されるべきではない。

もしそれがすべての人々の教育のためのものであるとすれば、戦略理論は、直近の特殊な事情や、地理的・文化的に縛られたものから解放される必要がある。ところがつねに戦略には「ドルマークをつける」必要があると言われるのと同じように、戦略にはその理論を考えた著者たちの地理的――したがって地政戦略的――な前提がつねに反映されているのである。[16] 戦略理論というのは、たとえば一般理論の形になっている珍しいものでさえ「神からのお告げ」によって作られたものではない。なぜなら戦略の理論家たちは、特定の戦略的地理を持った社会の中で生きており、地政戦略的、歴史的な位置づけは、独特の潜在的に危険な戦略問題によって彩られており、だからこそ一般的な「真実」からはるか遠い位置にある理論書たちに囲まれることになるのだ。

本書は戦略に関する本であり、とりわけ国家の行動のルーツについての詳細な検証はしていない。よって、私は国政術の背後にある動機の分析は行っていない。ところがここで理解しておかなければならないのは、専門家たちは国際安全保障についてのテーマのほとんどでは意見を異にしたままだが、彼らは国家に継続的に存在している戦略的な地理（位置）が、戦略の考え方や行動において持続的な傾向を形成しているという常識的な点についてはほぼ同意できているという点だ。[17]

この背景には、主に学者たちの間で交わされてきた、過去三〇年以上にわたる「戦略（ストラテジック・）文化（カルチャー）」——もしくは「文化と戦略」と言い換えてもいいが——というテーマの議論が横たわっている(18)。少なくとも一九七七年以来、多くの国の学者たちは、戦略の考えや行動において、主に国ごとにわかれる形で、異なる政治文化における長期的な好みの傾向があることについて議論している。

このような違いが生まれる理由についてはいろいろと議論されてきたが、いまだに社会の戦略文化的な経験が「戦略のＤＮＡ」に文化的な影響、または痕跡（こんせき）のようなものを残したという主張は続けられている。これらの議論の説得力はそれぞれさまざまであり、証拠が不十分だとして批判されている部分もある。結局のところこの証拠の不十分さというのは、おそらく戦略史の流れを文化的に説明できないという部分にもあるのかもしれない。それでも継続的な、主に国家的な「戦略文化のＤＮＡ」が存在するという考えは、学界からの攻撃にも——たとえギリギリであったとしても——よく耐えている。

私は、言い伝えや神話まで含む国家的な記憶も、きわめて「文化的」なものとして把握され、だからこそ永続的である可能性が高いことを認める方向に、自分の見方をシフトさせてきた。ところがこの考えは、戦略文化の影響が国家が選択する戦略の流れを決めることを意味するわけではない。このような事情にもかかわらず、戦略文化という概念や、それに関わる概念を復活できないほど貶（おとし）めようとする何人かの専門家たちによる試みは、あっさりと失敗している。

政治・戦略の選択における動機の証拠は曖昧であることが多く、実にフラストレーションがたまるものだが、それでも（ほとんどというほどではないが）多くの学術系の戦略家たちは、戦略の選択において国家ごとに特有のパターンが見られることを認めている。戦略の未来は確約されているのだが、それは「変化しない」という体系的な理由――もちろん核戦略の分野では適切な注意がなされることが前提だが――だけでなく、戦略における多くの継続性は「文化的」と呼べるようなものであるためだ。われわれは戦略の未来を確信できるだけでなく、戦略の選択についても予測することができる。もちろんアクシデントの可能性や、悲惨な結果を生む偶然的な出来事、そして政治の意思決定に関わる人々がたまに発生させる奇妙な考えや行動のような例外はあるのだが、戦略の未来は、すでに歴史で展開されてきたようなゴールを目指す流れで、二一世紀にも実現するはずなのだ。

やや曖昧だがまだ人気のある「グローバル化」という概念だが、これはたしかに世界の現実の一部を正確に表しており、その妥当性は明白だ。それでも今日における支配的な政治の現実は、国民国家が引き続き権威を維持しているという事実なのだ。そして国民国家（ネーション・ステート）は、理論上でも実際にも、世界のチェスボードにおける唯一の圧倒的なプレイヤーである。さらに言えば、グローバル化は現代の国際関係においてかなり限定的な現実でしかなく、今後も国家の政治的権威の下位に置かれたままであるかのように見られ続けるだろう。このような避けようのない結論は、本章で展開している議論に対しても重要な意味を持っている。「安全保障のグローバル化」には限界があることはわれわれにも確実に想定できるため、歴史的に知られた、または知ることのできる世界が、まさに現在のように、将来にわたっても続いていくことがわかる。

たとえば私は、ロシアが引き続き戦略的な考えや行動をとるというだけでなく、そのようなアイディアや行動が、ロシアが長年にわたって考えてきたのとは別の、新しいものになる可能性も否定できないと主張している。ところが冷戦が終わってすでに一世代分の時間が経ったし、ポスト冷戦時代も色あせつつあるように見えるが、二〇一四年のウラジーミル・プーチンという新しい「皇帝（ツァーリ）」に率いられたロシアは、きわめて伝統的なロシアの政策目標を、これまた同じく粗野なロシア独特のやり方で積極的に追求している。よって、ロシアが一九九一年に超大国の立場から実質的に降格されることになった「権力基盤の衰退」に対して激しく抵抗していることは、ある意味で当然のことと言えるのだ。(19)

現役の戦略家たちは、戦略の一般理論が提供しているきわめて抽象的な枠組みの中で、その特定の時代背景の中で最適な諸戦略を作成したり実行したりする任務をこなす義務を背負っている。彼らは自らが属する社会が抱える特定の不安感や望みに対応できるような諸戦略を編み出して、指揮しなければならないのだ。たしかに戦略論の歴史は政治や文化の違うさまざまな国の人々からの優れた貢献によって彩られているものであるが、それでも彼らは主に国内の聴衆向けに書いて行動していたことを忘れてはならない。誰もがカール・フォン・クラウゼヴィッツや毛沢東を読むことはできるが、彼らは主にプロイセンや中国の熱心な人々に向けて書いていたのであり、彼らは多くの価値観を共有していることが前提の、ある政治コミュニティーの中の、ある「インサイダー」の視点を理論化したのである。何世紀にもわたり文化を越えて受け継がれてきた戦略書と戦略的な行動は、その多くが政治や文化の特色を色濃く残しているものだ。もちろんわれわれは、戦略の理論的な推察において、時として奇妙なものが出てくることや、予期せぬ出来事によってその国において文化的に一貫していない反応を引き起こすことがあることを念頭に置いておく必要はある。それでも戦略の推測や議論のための主な焦点は、それを提供している時代と場所に大きな影響を受けていることは明らかだ。

たとえば「近代に入ってからは軍ではなく国民が戦争をするようになった」と主張されることが多いが、どの国でもある世代の代表的な戦略理論家たちは、学術的で、目の前の政策や戦略とは無関係に見える「戦略の一般理論」のような分野にはそれほど情熱をかけないものだ。なぜなら彼らは歴史的、地理的、技術的な面において特定の状況や、専門家による貢献をつねに必要とする脅威を、実際に想定して考えなければならないからだ。彼らの経歴にとって重要なのは、政府（や国民の可能性もあるが）が戦略面での専門家のアドバイスが必要であると決断した問題に対して、どれだけ有益なアドバイスを提供できるかどうかという点なのだ。

戦略史ではまさにこのようなことが続いており、戦略面での不安やチャンスとして認識されたものに最も関連性のある特定の地理や文化の影響は、当然ながらはるか古代にまでさかのぼることができる。過去二〇〇〇年間に発生した大小いくつかのテクノロジー面での革命を踏まえても、この事実はことさら驚くに値しない。地理というのは世界中のあらゆる社会の、政治的、したがって戦略的な行動の仕方に影響を与える、最も重要な要素である。恐怖や野心を促進するテクノロジーの能力というのは人々の主観的な視点によって上下するものだが、その底には政府の存在する位置や地図上に占める位置という意味で、明白な永続性があるのだ。

戦略思想の中にある「持続的な現実」を認めることは重要である。この「持続的な現実」とは、特定の空間や時代に縛られ、目の前の問題に対処することを義務付けられた理論家たちが、歴史的に特殊な答えを出していたということであり、このような同時代的な文脈を超えてあらゆる時代を越えた教育ができるような理論家はわずかしかいないという事実だ。そのような理論家の典型がツキュディデスであり、彼は明らかに後者の達成を狙っていた。

ただし野心的な理論家が歴史上の偉大な戦略の理論家のトップ10に入ること（誰がそれを判断するのかも怪しいが）を目指していたとしても、その著作には政治的・文化的、そして歴史的な要因が残るものであり、いくら高尚な智慧があったとしても、それは自分でも気づかない多くの「前提」によって彩られているものだ。もちろん優れた著者たちは、自分たちの直面する「今日の問題」を越えた議論を展開できるのかもしれないが、それでも戦略理論にはある種の「ＤＮＡ」のようなものがつねに充満していることは、否定できない事実である。

客観的で政治的にも中立な、私利私欲のない戦略の理論家というものは存在しない。われわれが読める文献を書いた人々の中でそのような戦略家に近かったのは、ツキュディデスとクラウゼヴィッツくらいであろう。戦略の理論家というのはつねに（強制されないとしても）政治的な応用や適用を問われるものであるし、政府はその機能として目の前の問題に対する実践的なアドバイスを要求するものであるために、戦略についての一般的な智慧を提供しようとする試みはあまり歓迎されないものだ。戦略の理論家を志す人物というのは、権力へのアクセスという魅力に抗えないだけでなく、そもそもが一人の「文化をまとった人間」であり、しかも目の間の問題で他国の「文化をまとった」人間たちと争う、チームプレイヤーの一人として働かざるを得ないのである。

学者たちが国家安全保障における国際的な構造面での危機――たとえば安全保障のジレンマなど[20]――を感じたとしても、彼らは自らの担当する政策づくりにおける感情的・物理的なコミットメントから完全に抜け出すことはできない。真実を探求する学者的な戦略家にも、家族や自宅があり、現実世界の要因として簡単に影響を排除できないような特定の文化の影響を受けているからだ。戦略についての一般理論以外にも、その日、その場所、そしてその状況から生まれる不安に対処するために特定の戦略が選択されるのだが、これらも文化的な影響を受けることが不可避であることが多い。ところが文化という要素は、戦略についての考えや将来の行動を予測するための信頼ある基準とはならないが、戦略の決断においては確実に一定の役割を果たすのであり、この役割の大きさは見逃すことのできないものだ。

古典的な例として挙げられるのは、一九一四年における中立国ベルギーの領土統一に対する、イギリス政府の思い入れであろう。イギリスが第一次世界大戦に参戦したのは、ドイツがベルギーに侵攻したからではない。国際法の考慮よりも重要だったのは、将来の勢力均衡に対する憂慮であった。[21] ところが一九一四年八月のベルギーに対するドイツの野蛮な仕打ちは、イギリス国民の間に激しい怒りを巻き起こし、それがイギリスの政治リーダーたちに参戦を決断させ、大衆の政治的、そして倫理的な面での合意をとりつけられると自信を深めさせるに至ったのである。これは、大陸の支配的な大国が（訳注：オランダ、ベルギーという意味の）低地諸国を所有することに対する、イギリスの四〇〇年間にわたる抵抗の伝統が、純粋に道徳への侮辱から発生した怒りによって強化された、重大な出来事であった。

ほとんどの国は、自分たちの国家安全保障に大きな意味を持つ特定の地理的場所に影響を受けた「文化」を持っている。たとえば「モスクワとその周辺」という地域は、現在の政治的な中心地であるという事実以外にも、ほとんどロシア人にとって文化的に特別な意味を持っている場所だと長年にわたって理解されてきた。まさにこのような感覚を理解していたからこそ、冷戦期のイギリスは対ロシアの核戦略のターゲットとしてモスクワに狙いを定めていたのだ。[22] 同じような文化的な理由付けは、歴史の中のほとんどの紛争にも見ることができる。

■戦略理論の最大の価値

特殊部隊（グリーンベレー）の元隊員で、後に大学教授になったハロルド・ウィントンは、理論の価値を計るうえで最も有益で体系的な指針を提供している。彼のアドバイスはシンプルである。

それは、理論というのは扱われるテーマを定義し、その中でもより重要な部分をカテゴリー化してまとめ、そのテーマがどのように機能するのかを説明することにあるというのだ[23]。さらに、理論はそのテーマとそれに関連する他のテーマをつなげるべきものであり、可能であれば将来の行動を予期するものであるという。

実際のところ、ウィントンは「軍事理論」について書いていたのだが、このアプローチは戦略の理論においても価値あるものだ。読者のみなさんにはウィントンの示した理論の規範がどれほど有益なのかを考えていただきたいが、個人的に言わせていただければ、何十年間も教えたり書いたりしてきた中で、私はこれほど有益な指針に出会ったことはまだない。

「理論に対する嫌悪感は、軍人や政治家の間でも広く行き渡っている」と論じることも可能だ。なぜなら彼らはあくまでも実践重視の人々であり、直面する問題の構造を理解することによってどのようにパフォーマンスを改善させれば良いのかということよりも、いま何をすればいいのかという点に興味を持っているからだ。ゲイリー・シェフィールドは、ダグラス・ヘイグ将軍の優れた伝記の中で、軍の職業文化がどのように、そしてなぜ理論の応用に対して無関心なことが多いのか――少なくとも第一次世界大戦以前の話だが――を説明している。これについてシェフィールドは、「より広く社会の中にある考え方にそのルーツを持つイギリスの軍事文化は、個人主義と『個性』を強調する」のであり、それが実践至上主義や柔軟性、さらには理論ではなく経験を重視した経験主義的なアプローチに結実していると論じている。その結果が、指示されたドクトリンに必ずしも従わないで事を進める「なんとかやり抜く精神」（muddle through mentality）だというのだ。そしてヘイグ自身も、この影響から逃れることはできなかった。[24]

この引用からわかるのは、ここでの問題はきわめて人間的なものであり、機能的、もしくは哲学的なものではないということだ。戦略の論理（ロジック）は、唯一人間の努力を通じて考えや行動として表れるものだ。それが「自然の力」のようにとらえられてしまえば、状況によっては考慮されるべきさまざまな潜在的な要因が見えなくなってしまう。戦略の一般理論の基本的な構造は、戦略史の「神の手」のように作用するわけではない。この理論は、実際に戦略を実行する戦略家たちに対して、戦略的な決断をする際に「慎重」——結果を念頭に置くこと——になることや、その論理（ロジック）を決して忘れてはならないことを教えるのだ。

戦略史に出てくるほとんどの国家は、いつの時代も目的・方策・手段の質と量において、深刻なミスマッチを抱えていた。また、戦略理論が理解され、それが実行されてまとまった戦略的パフォーマンスを生み出したとしても、それが必ずしも成功を約束してくれるわけではない。戦略を成功させるのが難しいのは、とりわけ敵にも戦略的に仕掛ける必要性があり、それを試みてくるからである。理論は実践に必要な規律を示すアドバイスの源泉として重要なのだが、それでもそれだけで強みになるわけではない。戦略というのは、そもそも欠点を持っていてストレスを感じている高官たちによって実行されなければならないからだ。

注

(1) Aleksandr A. Svechin, *Strategy*, 2nd edn (1927; Minneapolis, MN: East View Information Services, 1992), 70.

(2) Lawrence Freedman, *Strategy: A History* (Oxford: Oxford University Press, 2013), ch. 1. この本ではチンパンジーが政治と戦略を実践している様子を指摘しているが、たしかに納得できるものだ。

(3) カール・ウェーリングは主に文化的な理由から、紀元前五世紀の古代ギリシャの議論を現代の価値観から判断すべきではないことを警告している。Karl Walling, 'Thucydides on Policy, Strategy, and War Termination,' *Naval War College Review* 66/4 (Autumn 2013), 47–85.

(4) 以下を参照のこと。Beatrice Heuser, *The Evolution of Strategy: Thinking War from Antiquity to the Present* (Cambridge: Cambridge University Press, 2010), ch. 1.

(5) 以下を参照のこと。Colin S. Gray, *The Strategy Bridge: Theory for Practice* (Oxford: Oxford University Press, 2010), ch. 1; Gray, *Perspectives on Strategy* (Oxford: Oxford University Press, 2013), ch. 1.

(6) Williamson Murray, 'Thucydides: Theorist of War,' *Naval War College Review* 66/4 (autumn 2013), 42.

(7) Carl von Clausewitz, *On War*, trans. Michael Howard and Peter Paret (1832–4; Princeton, NJ: Princeton University Press, 1976), 578［カール・フォン・クラウゼヴィッツ著、日本クラウゼヴィッツ学会訳『戦争論 レクラム版』芙蓉書房出版、二〇〇一年、二九六頁］.

(8) Ibid., 141（強調は原著ママ）［クラウゼヴィッツ著『戦争論』一二六頁］.

(9) Ibid.［クラウゼヴィッツ著『戦争論』一二六頁］.

(10) Ibid.［クラウゼヴィッツ著『戦争論』一二六頁］.

(11) ヒュー・ストローンはアフガニスタンについて、歴史的な文脈を土台として幅広い視点から考察している。

以下を参照のこと。Hew Strachan, *The Direction of War: Contemporary Strategy in Historical Perspective* (Cambridge: Cambridge University Press, 2013).

(12) 以下を参照のこと。Tim Travers, *The Killing Ground: The British Army, the Western Front and the Emergence of Modern Warfare, 1900–1918* (London: Allen and Unwin, 1987). ヘイグ元帥の指揮のリーダーシップについて、やや説得力に欠けるが好意的な視点については、以下も参照のこと。Gary Sheffield, *The Chief: Douglas Haig and the British Army* (London: Aurum Press, 2011).

(13) 軍事的な事情から言えば、ナチス政権はかなり無能であったが、第二次世界大戦におけるドイツ国防軍そのものは戦略史の中でも最も偉大な戦闘力を持っていた事実は否定できない。なぜこのような事情になったのかについては以下の文献を参照。Williamson Murray, *German Military Effectiveness* (Baltimore, MD: Nautical and Aviation Publishing Company of America, 1992). 単一の著者による第二次世界大戦の歴史書として最も優れているのは以下の通り。Evan Mawdsley, *World War II: A New History* (Cambridge: Cambridge University Press, 2009).

(14) これについては以下を参照のこと。David Kilcullen, *The Accidental Guerrilla: Fighting Small Wars in the Midst of a Big One* (London: Hurst, 2009). その他にも以下を参照のこと。Frank Ledwidge, *Losing Small Wars: British Military Failure in Iraq and Afghanistan* (New Haven, CT: Yale University Press, 2011).

(15) クラウゼヴィッツは「戦争は偶然の領域にある」(*On War*, 101)［『戦争論』九六頁］と書いている。ものごとの予測不能性を注意するよう説いた彼の言葉はまだそれほど明晰に理解されているとは思えない。学術論文や政府の政治文書には「予見できる将来」という言葉があるが、これは矛盾した言葉である。

(16) 以下から誇りを持って借用した。Bernard Brodie, *Strategy in the Missile Age* (Princeton, NJ: Princeton University Press, 1959), ch. 10.「前提」については以下を参照のこと。T. X. Hammes, 'Assumptions – A Fatal Oversight', *Infinity Journal* 1 (Winter 2010), 4–6. この論文は近年においてきわめて重要なものだ。前提は

証拠がない時点における「仮定」であることを忘れてはならない。

(17) 以下を参照のこと。Colin S. Gray, *War, Peace and International Relations: An Introduction to Strategic History*, 2nd edn (Abingdon: Routledge, 2012), ch. 19; Gray, *Perspectives on Strategy* (Oxford: Oxford University Press, 2013), ch. 3.

(18) 以下の文献は戦略研究における文化についての議論の概観を有益に提供している。Lawrence Sondhaus, *Strategic Culture and Ways of War* (Abingdon: Routledge, 2006). その一方で以下の文献は近年の学界における文化に注目しがちな傾向に対してかなり懐疑的だ。Patrick Porter, *Military Orientalism: Eastern War Through Western Eyes* (London: Hurst, 2009). 軍隊における軍事文化の分析については以下の文献が優れている。Alastair Finlan, *Contemporary Military Culture and Strategic Studies: US and UK Armed Forces in the 21st Century* (Abingdon: Routledge, 2013). 戦略文化の議論を触発したのは以下の短い論文である。Jack Snyder, *The Soviet Strategic Culture: Implications for Limited Nuclear Operations*, RAND R-2154-AF (Santa Monica, CA: The Rand Corporation, 1977).

(19) John J. Mearsheimer, 'Why the Ukraine Crisis Is the West's Fault: The Liberal Delusions that Provoked Putin', *Foreign Affairs* 93/5 (September/October 2014), 77-89. ミアシャイマーは「ＮＡＴＯがウクライナに対し、無責任な形で西側に加わるように語り、実際にそのように行動した」と論じているが、これは基本的に正しい。

(20) Ken Booth and Nicholas J. Wheeler, *The Security Dilemma: Fear, Cooperation and Trust in World Politics* (Basingstoke: Palgrave Macmillan, 2008).

(21) Christopher Clark, *The Sleepwalkers: How Europe Went to War in 1914* (London: HarperCollins, 2012).

(22) Lawrence Freedman, 'British Nuclear Targeting', in Desmond Ball and Jeffrey Richelson, eds., *Strategic Nuclear Targeting* (Ithaca, NY: Cornell University Press, 1986), 109–26.

(23) Harold D. Winton, 'An Imperfect Jewel: Military Theory and the Military Profession', *The Journal of Strategic Studies* 34/6 (December 2011), 853-77.

(24) Sheffield, *The Chief*, 60

第4章　戦略史で変化するもの、しないもの

人類の歴史には、つねに戦略的な要素があった。その要素の強さは実にさまざまであるが、あいにくなことに、それが消えることは決してなかった。その根本的な理由は、われわれがおしなべて安全を必要としており、政治的に行動しなければならず、構造的に「アナーキー」な世界では、戦略的な行動が要求されるからだ。そしてそこには「他の選択肢」は存在しないのである。

本章における私の狙いは、人間の歴史が「偉大な継続性」と「累積的な大きな変化」の両方を記録しているという、実に複雑なメッセージを説明することにある。ところが私にとってかなり明確なのは、戦略の基本的な論理（ロジック）は、トーガ（訳注：ローマ市民のゆったりとした衣服）と二輪戦闘馬車の時代から、現代のビジネススーツと精密誘導兵器の時代まで、どの時代のどの場所でも同じであるということだ。これは私だけの思いつきの「前提」というわけではない。なぜなら歴史におけ

る戦略的な行動の証拠は、つねに存在していると同時に、圧倒的な存在感を示しているからだ。

これから見ていくことになるが、歴史を戦略的な観点から見ることは可能——というか、むしろ必要なこと——である。もちろん私は、戦略というものが歴史の理解において支配的な要素であった、もしくはあるべきであると主張したいわけではなく、むしろ戦略について記されていない歴史は、深刻な欠陥につながると論じたいのだ。人類の歴史のどの時代においても、何かしらのイノベーションは起こっていたおかげで、歴史における継続性と変化は互いに補完的な要素として扱う必要がある。そしてその歴史には、つねに戦略的な面が含まれているのだ。

■一つの重要な概念として

私の知る限りでいえば「戦略史」(strategic history) という概念を借用したり活用したプロの歴史家の数は少ない。この概念を軽視すれば、歴史の中にある戦略的な要素の理解を無用に狭めてしまう(1)。私は、人間の営(いとな)みに必須の機能の一つとして見なすことができる「戦略」の要素は実は現代的な「発明品」である、という考え方には賛成できない。もし今日において「戦略」や「戦略的論拠」として広く理解されているものが真剣な学術研究の対象になっていなかったとしても、それに近い考えが時代とともにどのように変化してきた(してこなかった)のかを考慮することは賢明であるし、はるかに実践的だ。

私が確信しているのは、人類のあらゆる過去の経験、そして「歴史」として解釈されるものには、すべて戦略的な面があったということだ。(2)当然ながら、この「面」は歴史的な状況の変化によってその重要度が変わっているのだが、それでもそれが完全に消滅したことはない。その理由は明白だ。軍事的な脅威が目の前にあるのか、それが将来に現れると予期されているのかにかかわらず、人間の営みにおける戦略的な面は、そもそも完全に無視するわけにはいかないものだからだ。また、われわれは「戦略的」という言葉の意味を考える際に、それを必要以上に軍事的な感覚で狭くとらえるべきではない。なぜならこの概念は、「人間の生活を安全なものにする」という決定的な任務を担っているものだからだ。

われわれは「安全保障」という決定的に重要な概念を、しっかりと理解する必要がある。現在「戦略」という言葉が意味するものは、今日において「戦略研究」と呼ばれる研究分野とともに、個人と集団が（それが必要なものかどうかはともかく）つねに抱えていた安全への不安感に根ざしたものだ。実際のところ、戦略史の解明は「継続性と変化」に関する複雑な考えを研究しようとする専門家の数が少ないおかげで、進展しづらい面がある。さしあたって私は、以下の「いくつかの機能」を認めることが決定的に重要であると考えている。

１　過去にはつねに戦略的な面があった。

2　歴史における戦略的な面は、過去においても現在においても、そして将来においても、人間の存在に含まれる永続的な要素である。

3　われわれは人間というものを、望ましい形や従うべき形の社会・政治を支える「安全」をつねに必要とする存在としてとらえている。そこでは「戦略的」とも言える潜在的な危険をつねに警戒するための方策がとられるのだ。これはつまり「軍事力の強制という形につながる危険」という意味であり、このような（実際的もしくは潜在的な）危険は、あからさまに軍事的な性質を帯びることがある。

4　このようにリスト化された、憂慮すべき理由の背後にある論理(ロジック)や動機は、特定の時代や場所、状況だけに当てはまるものではない。むしろこれがあらゆる人間の社会的営みに関係していることを理解していただきたい。このような「営み」は、必然的に政治的であると同時に、その程度の差はあれども、戦略的なものだ。

「過去からの変化」はあまりにも大きいものである。そのため、継続性の中に変化があることが信じられない人だけでなく、変化の背後に継続しているものがあることを信じられない人々もおり、彼らを説得するのはきわめて難しい。時代の変化の証拠はあまりにも明白なものだが、だからこそかえって学者や政府高官たちは、現状や未来を理解する際に、継続性というものを（時代が変わっているからという理由で）まったく妥当しないものとして、ゴミ箱に捨ててしまいがちなのだ。

もちろん単なる懐古主義の危険性については警戒すべきである。過去に信じられていたことや癖（くせ）、それに習慣というのは、ただ単に古くから行われていたり、何か特殊な由来があるという点にしか価値がないものだったりするからだ。一五世紀後半のイタリアに生きたニッコロ・マキャヴェッリは、その五世紀後のベニート・ムッソリーニやファシスト党の人々と同じように、古代ローマ帝国の軍事面での優秀さ――これは証拠として残っているものと残っていないものも含めて――に感銘を受けている。(3) 古代ローマの軍事行動の中には、単に優れていただけでなく、火薬が使われるようになった時代における厳しい規律やきめ細やかな教練においても、実際に大きな効果を発揮するようなものがあった。われわれが気づかなければならない実践面での問題は、図書館や博物館に永遠に展示しておくべき過去の不適切なやり方を破棄すると同時に、古いアイディアややり方を見つけて応用することだ。新しいからこそ取り入れるという考えは愚かなものだが、古いものを「古い」という理由だけで拒否するのも、それと同じくらい愚かなことだ。

これらの話はかなり明確だ。なぜなら本章を彩る「継続性と変化」という複雑なアイディアは、その中にすでに問題の核心と、最も適切な解決法を含んでいるからだ。われわれは「実際の変化と予測される変化」を「継続させるべきものについての理解」と密接につなげる必要がある。この難問に対する最高のアプローチは、「変わらない本質（ネイチャー）」と「変わり続ける様相（キャラクター）」の二つを明確に区別することであろう。

また、私は本書で戦略の「一般理論」と、特定の状況やある種の軍事資産(アセット)に適切な選択肢を示す「諸戦略」を明確に区別した。もちろん一般理論と諸戦略の間には、ある程度の融合が見られる。それでもわれわれは、あらゆる時代や場所のいかなる軍事文化に対しても、戦略のエッセンスのようなものを提示し、しかも納得させなければならないのである。当然ながら、これは誇張される場合も出てくるし、プレゼンテーションが適切な言葉でスムーズに行われたとしても奇妙なものに聞こえたり、理解しづらいものになる可能性がある。それでもこのアイディアは十分明白であろう。戦略の一般理論は、あらゆる聴衆が納得できるような形で、あらゆる分野をカバーできるものでなければならないのだ。

戦略の智慧に至る第一歩は、「戦略史」という重要な概念を受け入れることから始まる。この包括的な概念は、戦略について、さまざまな時間や場所からエピソードを借用したり、それについてコメントするのを正当化する上で、決定的な役割を果たしている。

もちろん戦略史というアイディアは、必然的に激しい論争を呼ぶいくつかの問題をともなうものだ。その最もわかりやすいものが「時代錯誤」という批判であろう。わかりやすい例でいえば、私たちは現実には二一世紀に当てはめることしかできないのに、ユリウス・カエサルの戦略思想と行動を説明しようとすることに意味はあるのか?という疑問だ。そもそも彼の思想と行動を解釈する自分たちの能力を、われわれは一体どこまで信用できるだろうか?　教訓を得られる事例はたしかに多いのだが、われわれが得た教訓というのは、本当に信頼に足るものなのだろうか？[4]

読者のみなさんの中には、このような疑問の着地点がどこにあるのかを不思議に思う人もいるかもしれない。私が示したいのは、戦略的に大きな功績や悪事があったことの証拠は、今日においても十分に推測可能であるという点だ。歴史的にも特殊な、目の前の問題になんとか対処できるような戦略についての歴史的理解だけで良いというのであれば、いま達成できる戦略についての歴史的理解だけでも、われわれは満足すべきであろう。われわれが理解しなければならないのは「戦略と軍事文化は時代と場所によって大きく変化してきている」ということだ。

ところが戦略の一般理論は、突発的な現象にも対応できるものでなければならない。実際のところ、たとえば例外的な考えや行動が出てきたおかげで戦略の一般理論の妥当性が脅かされてきた場合、それは理論化する際のそもそもの設定を間違えていた可能性が高いのである。戦術や作戦面で斬新なアイディアを提唱する人々は、それらを一般理論へ昇華させようとすることが多く、その信奉者たちも、実際にそれが「戦略理論に革命を起こした」と思い込んでしまいがちなのだ。

■変化したものと変化しなかったもの

戦略という広範囲にわたる問題では、つねに細かい部分で変化しやすく、何が変化せず、しかもなぜ変化しなかったのかという理由まで追跡調査するのは難しい場合がある。本書で提唱されている戦略の一般理論は、現時点でとりうる最高の戦術行動は何であり、何をしてはダメなのかを知る必要に迫られた戦略家や指揮をとっている将軍たちに、その背景を理解させるものだ。すべての戦争は独特なものであるため、戦術的な面ですべてに共通して使えるようなものを想定するのは賢明ではない。一つのやり方が数多くの紛争に使えることはあり得ないからだ(5)。

ところが順応性や柔軟性を強調すれば、兵力を特定の紛争状況にうまく合わせられるようにする助けにはなる(6)。たとえばクラウゼヴィッツの『戦争論』の中の最も賢明な言葉には、以下のようなものがある。

第一に、戦争は、いかなる状況においても独立に存在するものではなく、常に政策のための手段と見なさなければならない。また、このように考えることによってのみ、すべての戦史と矛盾に陥(おちい)らずに済む。この見解に立つ場合にのみ、膨大な戦史の書籍から道理に適った洞察を汲み取ることができる。第二に、このような見解は、戦争を発生せしめた動機と状況の性質に応じて、いかに戦争が変化せざるを得ないかをわれわれに示している。

政治家や将軍が行う最初の大規模かつ決定的な判断行為は、企図している戦争をこの関係において正しく認識し、状況の性質から見ればあり得ないものをその戦争に求めたり、あるいは作為しようとしないことである。これが、あらゆる戦略的問題のうちでもっとも重要かつ総合的なものである(7)。

ただしクラウゼヴィッツ自身もよく知っていたように、戦争はたしかにきわめて特殊な「人間の集合的な行動」の一つの形であるのだが、その内側の構造はかなり変化するものだ。もちろんわれわれは「戦争」の意味について明確に知っておく必要があるのだが、それと同時に、政治的にも分析的にもわれわれを迷わせることにつながるような、いわゆるカテゴリー化の強調についても注意すべきであろう。[8] クラウゼヴィッツは、いわばわれわれが第一に「認めるべき真実」と見なすべきものを指摘したのだ。ところが彼がそこで見逃してしまったのは、戦争がとにかく有機的に生成・発展するというその性質であった。[9] ここで大切なのは、軍事組織が政治目的に従属することや、軍はその目的の強さを反映する必要があるということだ。

ところが戦いについての長い歴史の記録が示しているのは、予期されなかった軍事的な出来事によって予測不能な結果が生まれたという、圧倒的な証拠の数々だ。クラウゼヴィッツはたしかに軍事的な出来事のツール的な面――つまり、目的を持った戦略的相互作用のプロセスによって生じるものとする見解――を正しく指摘している。ところが戦争をダイナミックな争い――その流れと結果はあらかじめ設定できないし、自信を持って予期できないもの――としてとらえることも間違ってはいない。

もちろん軍事行動を仕掛けたり、逆にそれに対応したりすることは、軍の計画者たちの最大の関心事であるべきものだ。しかしクラウゼヴィッツ自身が述べたように、戦争がつねに偶然の機会（チャンス）によって左右されるゲームであるという事実は残る。[10] 理論のレベルで言えば、クラウゼヴィッツはたしかに正しかったのであり、彼が書き残したことは傾聴に値すると言える。ところがこれをわれわれの戦争の理解のすべてとしてはならない。われわれはやはり、戦争や戦いというものが実にさまざまな形式をとるものであることを認める必要がある。戦いの現場で起こっていることを見誤らないようにするためには、戦闘の背後にある政治目的をつねに思い起こす必要がある。ところがすべての戦略家たちは、自らが直面する紛争状況に合わせて、暴力の使い方を積極的に変える必要もあるのだ。

実際的な面を見ればわかるように、戦略史での行為は、あらかじめ長期的に計画されたものよりも、むしろクリエイティブに実行されたもののほうが多い。メディアに出てくるコメンテーターたちは、戦略的効果のあった出来事の流れを説明しようとする際にこのようなことを忘れていることがきわめて多いのだが、その理由は、戦争や戦いには思いがけない成功や失敗を利用する能力が必要であることを理解できないからだ。戦争とは、見知らぬ領域への旅である。ところがこのような条件を形作っている原因については、あまりに当然のことと見なされているためか、逆に見過ごされている。これについてはクラウゼヴィッツも「戦争の基本的要素、すなわち決闘」であると説明している。[11] これは戦争の永遠の真実であるが、政治家や戦略家はこれを無視したり、きっぱりと否定しようとする傾向がある。

私は読者に対して、戦略のパフォーマンスを妨害する可能性のある「戦略の難しさ」を連呼し続けることは当然だと感じているのだが、それでも敵をまるで「受動的な物体」であるかのように見なしている人が多すぎる[12]。戦略の本質を理解して敵の選択肢を確実に把握できなければ、われわれは何も決断できなくなるリスクを抱えることになる。世間一般的にも「相対する者にもそれぞれ戦略面での自由意志がある」という基本的な条件が充分に認識されていないのだが、われわれはさらに「どちらの側も予期できないような状況がある」という条件もあまり認識されていないことを知るべきである。偉大なクラウゼヴィッツは「戦争はきわめて偶然性の支配する領域である」と記しているが、われわれはこれに「サプライズによっても支配されている」という言葉を付け加えるべきであろう。

ここからわかるのは、対外政策や、とりわけ戦争における「戦略の本質」には、恐るべきことに「偶然の機会」や「不測の事態」というものが含まれているということだ。もちろん国家や非国家主体のような戦争の当事者たちは、自分たちの仕掛けたことに対する相手の反応を見越して準備・計画をするものだが、それでもあらかじめリスクや危険を把握しておくことは、不可能ではないとしても、やはり難しいことのほうが多い。流れに合わせてすばやくこちらの動きを修正することは実は不可能ではないので、大枠で考えれば戦略家たちが予測を外したりすることはそれほど問題ではない、とは言えないだろうか？

たしかに、このような国政術や戦略についてのリラックスした態度には、問題がないわけでもない。戦略史において「慎重さ」という考えがなぜそれほどまでに重要なのかというと、「政策と戦略における誤りは致命的な結果を生み出すことがある」という事実が、歴史の記録の中に明白に刻まれているからだ。ウィリアムソン・マーレーは「リーダーたちも自ら犯した間違いによる大失敗を過小評価しようとする性質を持った人間であるため、かえって政治的・戦略的なエラーが修正不可能——というか、そもそも修正が試みられることも少ないが——になることが多い」と説得力を持って論じている[13]。

そのわかりやすい大きな間違いの例としては、一九一四年や一九三九年から四一年にかけてのドイツの政策がある。同様に、一九六〇年代後半のベトナム、そして二〇〇〇年代のイラクとアフガニスタンに対するアメリカの政策と戦略も、幸運なことに規模的には控えめだったが、それでも大間違いであった。目的、方策、手段、そして前提という四つの概念を使った戦略理論の基本構造は、大きな間違いを犯す可能性を排除するような「再検証」を促すはずなのだが、実際は不可能であった。その最大の理由は、私が事例として使ったドイツとアメリカの戦略面での誤りが、文化に左右されない分析マシンによる産物ではなく、むしろそれらが政治的に望まれた目的の実現のために使われる十分効果的な方策や、使用可能な軍事的手段についての間違った前提や非現実的な評価という、まさに「政治的・戦略的な判断」の中にあったからだ。

本書での重要な目標の一つは、「戦略史は予測しなかった結末をもたらすという意味で、きわめてダイナミックな力を持っている」ということを読者のみなさんに納得してもらうことにある。未来というのは、それまで判明している「過去」によって発生するものなのだが、それでもそれが、未来学者やそのコメンテーターたちのような専門家たちを驚かせるような結果につながることもある。

われわれの未来を予測する力が、あらゆるスケールで間違いを犯す理由が一つある。[14] たとえば二〇世紀に起こった出来事はそもそも予測し得ないものであったし、現実的にも見越せるようなものでもなかった。個人や集団が選択できる範囲はあまりにも広いため、予測を強く確信することはできないのである。このように実に明白な理由があっても、政府は政策のために未来予測への努力を捨てていない。そしてこれはまさに、戦略家たちにも当てはまることだ。

予測において極端な注意が必要であることを示す事例は歴史の中に豊富にあるのだが、それでも政治家や官僚たちは、未来を見通すための「水晶玉」をのぞこうとする魅力に抗えないのだ。未来予測の精度が科学的（経験的）に証明された水晶玉は存在しないし、今後も存在し得ないため、官僚たちは上司である政治家たちに対して、できる限りの、または彼らが好むような、さまざまな科学的手法を使った「専門家の知見」とされるものを使って予測を提供するのだ。

ところが未来のことを教える「証拠」が未来から来ることは絶対にないので、未来予測というのは、いわゆる未来研究業界の存在をほぼ無駄なものにしたり、さらにはその予測を危険なものにさえすることがあるのだ。

戦略の未来にとっては、このような「未来からのデータの欠落」が致命的な弱点となる可能性もある。発生するのがきわめて珍しい、いわゆる「ブラック・スワン」的な予測不能な出来事が起こる可能性を認識できると、誰しもが戦略理論の構造的限界に気づかざるを得ない。[15]とりわけ、目的、方策、そして手段という概念の抽象的な相互関係として理論化されているものが、政治的、さらには個人的な判断によって容易に破壊されることがわかると、その戦略理論には行動を方向づける価値がほとんどないことが、誰の目にも明らかになってしまうからだ。

すでに触れたドイツとアメリカの事例における戦略面での誤った理屈付けの原因は、戦略についての無理解にあったわけではない。ここで重要なのは、戦略史の流れは「資産」と「負債」が活発に相反し合う状態を生み出し、それらがいざ戦場で交わった形で実戦に入ったときに、戦略面でどのような効果を生み出すのか、それを予測するのがそもそも難しいという点である。われわれは未来が本当に予見できないものであることを忘れてしまうことがある。さらに言えば、政策と戦略における軌道修正はつねに可能であるわけではないし、必ずしも「賢明」であるとは限らないのだ。

順応性があり、抽象的な公式である「目的・方策・手段」――これに「前提」を加えたもの――がそもそも本当に有益なアイディアのかを疑うことは良いことだ。結局のところ、ただのミスで抽象的な戦略の機能が脅かされてしまえば、その戦略はほとんど使えないものになってしまうだけだからだ。一九四〇年代前半と一九六〇年代にドイツとアメリカがそれぞれ直面した問題は、戦略理論の改善によってもほとんど緩和することはできなかった。第二次世界大戦におけるドイツの戦略パフォーマンスの全般的な問題は、ヒトラー総統の政治的な野望にあったからだ。たしかに第三帝国は優れた戦闘力を持った軍隊を作り上げたが、だからこそ総統の政治的野望を刺激し、ドイツの戦略的効果の期待値を過剰に上げてしまったのである。

ところがきわめて楽観的な前提に立てば、目的・方策・手段という基本的な論理(ロジック)は――少なくとも当面の間は――崩れないことになる。ここで重要なのは、ほとんどの政権における政策の好みや決断というのは、戦場で試されるはるか以前から、国内的なプロセスにおいて形成されるものであるという事実だ。

われわれは第一に「戦略の論理(ロジック)がうまく働くか否かは完全に政治の意思決定者の手の中にある」という事実を認めなければならない。そうなると、戦略の基本的な理論の独立的な論理(ロジック)の結果に対するクオリティー・コントロールには、つねに厳しい制限がかかっていることがわかる。実際のところ、あらゆる時代や文化における歴史の豊富な例は、戦略が目的・方策・軍事的手段にフィットするかどうかが重要であるにもかかわらず、あいかわらず政治的な意志のほうが強いことを証明している。したがって、目的・方策・手段――そして前提――という抽象的な公式は、時間を越えた普遍性を有しているにもかかわらず、戦略の思考と実践を導くための効果的な概念として役立つものとは思えないのである。

たとえば一九四一年から四二年にかけてのアドルフ・ヒトラーは、主にソ連の見た目の弱さを「前提」として、その国を崩壊させるには、たった一度の会戦だけで十分だと確信していた。[16] ところがヒトラーにしてみれば、これは完全に馬鹿げた前提ではなく、実際にイギリスとアメリカの専門家たちも同じように見ていたのだ。そして後になってからこの前提は誤りであったことが証明されたのだが、ドイツ政府がヒトラーの東方侵攻のための包括的計画に乗ってこの前提を公式に支持してしまったことは、彼らにとって致命的な意味を持つことになったのだ。一九四一年のドイツの紛争に関する前提は、それがあまりにも大きく間違っていたおかげで、ヒトラーの政策と戦略の枠組みだけでなく、ドイツの軍事面での努力の結果に多くの面で影響を与えたのである。もし人種的または文化的な観点から「敵」が根本的に軽蔑すべき対象となると、本来ならば素直に認められるはずの自軍の欠点さえ、認められなくなってしまう。つまり、ドイツ軍にはたしかにいくつかの弱点はあったのだが、ドイツのリーダーたちは「ソ連は弱い」と信じていたので、彼らにとっては「たった一度の作戦を成功させればロシアの腐った共産主義体制を崩壊させることができる」ために、自分たちが抱えている弱点は問題にさえならなかったのだ。

　別の例を挙げてみよう。たとえば近年のアフガニスタンとイラクにおけるアメリカの介入を見てみるとわかるのだが、ここでは戦略の論理的な構造から見て、なぜアメリカが致命的な戦略的間違いを避けることができなかったのかが明白だ。アフガニスタンとイラクにおける超大国的な戦略方針は、横柄だとは言わないまでも、とりあえず良いものであったのかもしれない、ところがその前提が間違っていたおかげで、結果的にアメリカ（とイギリス）の戦略を貶めることになり、この二つの紛争におけるアメリカの実際のアプローチでは、過去と同じような致命的な間違いが再発してしまったのだ。アメリカの戦略史におけるアフガニスタンとイラクへの介入は、その歴史的な背景のおかげで、潜在的には一九四〇年から四一年の冬のヒトラー率いる第三帝国を苦しめたのと同じこと、つまり「勝利病」によって、アメリカの戦略的な努力に大きな損害を与えたのである。

アメリカは、一九九〇年代末に戦略面で歴史的な黄金期を迎えたことや、バルカン半島で実際に戦略的な成功（といっても異論はあるが）を収めたことによって自信を深めたわけだが、このおかげでワシントン政府は無意識のうちに「自ら選んだほぼすべての戦略的な任務を成功させることができる」という前提を持つようになってしまっていた。間違いを引き起こす可能性のあるもの（例：現地での地上兵力の少なさ）が豊富にあったにもかかわらず、アメリカではこれが深刻な懸念とはならなかった。そしてその理由は、「アメリカは不測の事態に順応して対処できるはずだ」という前提が彼らの中でできあがっていたからだ。

ここで触れたドイツとアメリカの両方の例からわかるのは、戦略の成功についての間違った前提が致命的なダメージを生み出した実例は、歴史の中に豊富にあるということだ。もちろんここで注意していただきたいのは、私が前提の形成について反対しているわけではないという点だ。「未来」というのは、その定義からして「まだ何も起こっていない」ものであり、つねに手の届かないところにあるものだ。よって、戦略家という肩書を持つ人々が実際に直面するのは、そこから生まれる莫大な不確実性にどのように対処すればいいのかという現実的な問題となる。私はこの難題に長年にわたって取り組んできた。そして当然ながら、学問では扱いにくいこの問題について、良い知らせと悪い知らせがもたらされてきたのである。いくら物理学が進んだといっても、やはり現時点では「時間旅行」は実現していないため、われわれはまず最先端の科学にも限界があることを受け入れなければならない。未来はわからないものであり、そもそも知ることは不可能なのだ。

ところが、われわれは戦略の未来については熟知している。なぜならわれわれは戦略の過去について知っている（といっても議論の余地はあるが）からだ。実際のところ、われわれが直面する問題は、「戦略の未来から何を有益な知識として獲得できるのか」ということだ。特定の出来事（きわめて仮定的な二次的・三次的な影響はさておき）を予測できないとしても、われわれは本当に知ることが可能なものから、何を知ることができて、それは戦略的にどれほど有益なものなのだろうか？(17)

■二百年にわたる戦略史

戦略史については、実にイラつかされることがある。それは、われわれが一方で、戦略史の流れについては古代から中世、そして近代に至るまで、その意味合いをしっかりと——といっても議論を呼ぶことがあるが——理解できているにもかかわらず、その一方で、その理解から信頼に足る「歴史の教訓」のようなものを何も得られないからだ。

戦略史の流れにはポジティブな発展がないわけではないのだが、それでもこれは「安全装置がついていない爆弾」のような存在としてとらえられるべきものである。その頻度（ひんど）は少ないかもしれないが、人間はこれまでたびたび集団的に自殺的な行動をしてきた。記録に残されている戦略史全般においては、現在までのところ、集団的な政治的・戦略的な紛争が起きても、それは地球上でもある一定の地域内だけにネガティブな結果を生み出すものであった。しかしエアパワーの時代――いまやグローバルなエアパワーだ――の到来や、一九五〇年代後半の長射程ミサイル、さらに核兵器が実現したおかげで、人間がほぼ全地球の環境を、自然・人口にかかわらず破壊したり、もしくは少なくとも毒することができるようになったのであり、この状態は今後も続くのである。

核兵器の大きな皮肉について誠意を持って書けるということは、やはり好ましいことだ[18]。結局のところ、「核戦争の危険があまりにも厳しいものであるという判断があったおかげで、国際政治と戦略の筋書きが変わった」と議論することもできるからだ。言い換えれば、「核兵器は国際政治の現実を、アナーキーから戦争準備状態へと固めてしまったことは間違いない」と議論することも可能なのだ。

あいにくだが、そこには「核兵器の脅威の厳しさが、人間の政治的な（まちがった）行為に規律を課す」という、実に微妙な皮肉が存在する。主に社会科学の分野に多いのだが、専門家の中には「人類の戦略史は終わりを告げつつある」と考える人々もいる[19]。もちろん過去二〇〇年間においては大戦争がそれほど頻繁には起こらなかったという点に私は皮肉を感じざるを得ないのだが、それ以上に皮肉だと感じるのは、核時代の到来が「最大の悪」であるという彼らの（これらはたしかに理解できるが）考えと、実際は現代の世界において最も平和に貢献してきたのはおそらく核兵器であるという考えがあるという点だ。

かなり明らかなのは、一九四五年八月に核兵器が突然現れたことによって、それまで世界的に「国際政治のルールやリスク」と理解されていたものが変化した――もしくはそれを脅かした――ということだ。一九四五年以前は、戦争、さらには大戦争までもが、時々発生するものであることが知られていた。また「戦争が起こりやすい状態」というのは、国際秩序の維持に必要とされる「脅迫による持続的な条件」として、そして世界の国家体制において行動を統治する最も重要なメカニズムである「勢力均衡」の維持・回復のために必要なもののとして理解されていたのだ。一九四五年から一九六〇年代初期までに起こった軍事技術面での飛躍のおかげで、世界政治、そしてそこで必要とされる戦略は、すでに大きく変わっていたか、もしくはすぐに変える必要があることが広く認知されるに至った[20]。言い換えれば、世界政治とその戦略は、たった数年のうちに大きく変わったということだ。そして一九五〇年代からこのような変化を推測できていた人もいるというが、果たしてそれは本当に変わったのだろうか？　戦略史は、戦略に対して賢明な形で貢献できない兵器が登場したために、その流れを自ら止めてしまったのだろうか[21]？

核兵器の登場による興奮は一九六〇年代頃には落ち着いたのだが、とりわけそれは、一九六二年一〇月のキューバ・ミサイル危機の発生という恐ろしい出来事の影響が大きかった。これによって多くの戦略家たちは、核兵器を戦略の従者として手なずけることが可能であると理解するようになったのである。さらにこれをきっかけとして、一九四五年からの長期的な視点を持ちつつ、戦略の世界が本当にそこまで劇的に変わったのかどうかを考えることも可能になってきた。

私は一九五〇年代から六〇年代初期にかけて教育を受けた世代だが、当時は一九四五年八月以前に起こったことを、まるで「古代の歴史」のような、単なる考古学のように扱うよう教えられた。ところが一九六〇年代後半になると、核時代は遅まきながら「戦略史の一つの流れの中にあるもの」としてとらえられるようになってきたのである。

実際のところ、核兵器の存在は否定できないものであるし、便宜主義的で普遍的な法令によって廃止しようとしてもできるものでもない。ところがそれらも世界的な「核戦争の回避のための核の物語（ナラティブ）」という枠組みの中に入れて考えることができるものだ。核の現実と信念についての解釈については、次章で戦略によって核の危険がどのように「手なずけられた」のか――「訓練された」のほうが適切な言葉かもしれないが――を説明する際にさらに論じてゆく。

ここで、われわれの戦略史に関する知識における根本的な疑問について少し考えてみるべきであろう。集合的な政治的経験というのは、つねに何かしらの戦略に関する言説（ナラティブ）によって調和をとられるべきものなのであろうか？　言い換えれば、アテナイとスパルタの富を驚くべき規模で消費したペロポネソス戦争の流れ――とりわけ紀元前四三一年から四〇四年のピークのとき――から、「アナロジー」を導き出して何か学べることはあるのだろうか？(22)　古典学者たちがツキュディデスの『戦史』におけるバイアスや信頼性について今でも議論しているという事実はひとまず置いておこう。このギリシャ人の著者は、現在や将来の国政術にとって、本当に意義のある政治的・戦略的な状況を、描写したり説明したりしているのであろうか？　もしわれわれが一九四五年以前の戦略史を、少なくとも「今日でも妥当なもの」として考えたいのであれば、その時代から何が変わって、何が変わっていないのであろうか？

さらに言えば、たしかに物的・文化的な面で、現代と古代ギリシャ世界との違いは大きいが、実際、本当に「変化するもの」はあるのだろうか？　このような疑問は、決して無視できるような軽いものではない。核技術による武装化は、一九四五年の七月から八月よりも前の時代に起こったことのすべてと、将来の歴史の流れとをまったく無関係なものにしてしまったのだろうか？　これに対して「イエス」と答えることは、一九四五年以前を知ろうとするわれわれの戦略史の教育のあらゆる努力を、見当違いなものとして否定することになってしまうのだ。

■戦略史には「始まり」や「終わり」はあるのか？

戦略家の中には、おそらく自国の安全保障環境さえ改善すれば「善い国民生活」が実現すると信じている人もいるだろう。ところが人類の歴史についての研究が暴いているのは、「黄金時代」のような時代は決して存在しなかったということだ。さらに言えば、「十分安全な時代が長期的に実現する」という想定も、そもそも怪しい。そうなると、これは「安全を守るためのわれわれの集団的・個人的な努力のすべては、人間の政治をめぐる終わりなき旅の中の、単なるいくつかの出来事（エピソード）でしかない」ということになる。本書の読者のみなさんの多くは驚かれるかもしれないが、過去の戦略では実に多くの帰結が生み出され、しかもその帰結がいつまでも継続したためしはないのである。

もちろんすぐ付け加えなければならないのは、政府の細々とした決断や、国家レベルで偶然起こったことは、平均的な人間の寿命を踏まえて考えてみても、国民の健康や幸福、それに単なる寿命の長さにも大きな影響を与えるということだ。これはあなたが生まれた国や生まれた時代を、別のものにおきかえてみればよくわかる。たとえば一八九〇年から一九二〇年の間に生まれたと仮定して、それであなたの人生がどのようになったかを考えてみてほしい。二〇世紀前半は大規模な紛争によって台無しになったのは確かであろう。だが危険な時期が繰り返し到来していることも、それと同じくらい確かなことなのだ。

嘆かわしいことだが、戦略史における安全保障問題の最大の難問は、間違った判断をしがちな人間が下す、ひどい社会的決断だけから発生するものではないということであり、それを裏付ける証拠が豊富にあるということだ。戦略史では散発的だが大きな規模で悲劇が繰り返されているのだが、この主な原因は、そもそもそれを避けられないという点にある。たとえ名誉ある行動をし、善い意図を持ち、戦略の理論の基本構造（目的・方策・手段、そして前提）に対してそれなりの敬意を払ったとしても、その選択した行動によって悲劇的な結末が生まれてしまう可能性はつねに残るのである。国家・国際安全保障にとっての本当の問題は、われわれが実際に対処しなければならない諸問題の性質の中にある。これが理解できると、ここで扱っているテーマに対して深い敬意を払うべきであることや、長期的に世界全体の安全を確保できるような政治的な道への希望を捨てるべきであることがよくわかる。ここでの議論が要求しているのは、国政術と戦略が「慎重さ（プルーデンス）」という原則によって支配、もしくは少なくとも制限されるべきであるということだ。

私は「人間の営みは本質的に政治的であり、したがって戦略的なものである」という保守的な主張を述べたいだけだ。われわれ人間の政治的・戦略的な試みの本質（ネイチャー）――様相（キャラクター）とは正反対のもの――には、確実に「始まり」と言えるものがないし、その予見できるような終わりも（ありがたいことに）見えないのである。[23] さまざまな形の未来を夢見る「未来業界」の人々は、この議論に賛成しないだろう。結局のところ、これは実に曖昧な未来像――といっても、これはわれわれがうまく危機管理できればの話なのだが――しか与えてくれないように見えるからだ。

本書の残りの二章では、人類の安全を強化する際に直面する課題の規模について説明していく。ただし何度も強調するように、私は読者のみなさんに、未来に「約束の地」は高い確率で存在せず、戦略の理論と実践の適切な熟練を――もし人類が生き残りたいのであれば――必要とする「危険なとき」しかない、という事実を受け入れるべきだと論じたいのだ。

注

（1） Colin S. Gray, *War, Peace and International Relations: An Introduction to Strategic History*, 2nd edn.

(Abingdon: Routledge, 2012), ch. 1.

（2）以下を参照のこと。Beatrice Heuser, *The Evolution of Strategy: Thinking War from Antiquity to the Present* (Cambridge: Cambridge University Press, 2010), ch. 1; and Lawrence Freedman, *Strategy: A History* (Oxford: Oxford University Press, 2013), ch. 1.

（3）私はニッコロ・マキャヴェッリがそれほど注目されていないことを、アントゥリオ・エチェバリアの私の著書に対する書評で気づかされた。書評されたのは以下の本。Gray, *The Strategy Bridge: Theory for Practice* (Oxford: Oxford University Press, 2010). 全体的に言えばエチェバリアの私に対する不満は正しいと言える。彼の書評については以下を参照のこと。Antulio Echevarria, 'Theory for Practice: But Where is Machiavelli?' *Infinity Journal*, 'The Strategy Bridge Special Edition' (March 2014), 9-11. 現代の戦略家たちにとって最も有益なマキャヴェッリの本は以下の通り。*Discourses on Livy*, trans. and intro. Julia Conaway Bondanella and Peter Bondanella (Oxford: Oxford University Press, 1997). 注目すべきその他の研究としては以下のものがある。Sebastian de Grazia, *Machiavelli in Hell* (New York: Vintage Books, 1994); and Corrado Vivanti, *Niccolo Machiavelli: An Intellectual Biography*, trans. Simon MacMichael (Princeton, NJ: Princeton University Press, 2013). *Makers of Modern Strategy* の一九四一年の初版から、一九八六年の改定版になっても残された有益な研究については以下を参照のこと。Felix Gilbert, 'Machiavelli: The Renaissance of the Art of War', in Edward Mead Earle, ed., *Makers of Modern Strategy: From Machiavelli to the Nuclear Age* (Princeton, NJ: Princeton University Press, 1986), 11-31［フェリックス・ギルバート著「戦術のルネッサンス——マキアベリ」エドワード・ミード・アール編著、山田積昭・石塚栄・伊藤博邦訳『新戦略の創始者——マキアベリからヒトラーまで』原書房、一九七八年、二一〜二三頁］. また、以下の著書の「まえがき」と「推奨文献」はかなり参考になるものだ。Niccolò Machiavelli, *Art of War*, ed. and trans. Christopher Lynch (Chicago: University of Chicago Press, 2003). ほかにも有益な著作としては以下の通り。Quentin Skinner, *Machiavelli: A Very*

Short Introduction（Oxford: Oxford University Press, 1981）; and Philip Bobbitt, *The Garments of Court and Palace: Machiavelli and the World That He Made*（New York: Grove Press, 2013）. ただし後者の二冊は著者の意見が過剰に反映されている。

（4） 以下の文献の中の優れた論文を精読していただきたい。Victor Davis Hanson, ed., *Makers of Ancient Strategy: From the Persian Wars to the Fall of Rome*（Princeton, NJ: Princeton University Press, 2010）. これは皮肉的なのかもしれないが、このテーマに関する古代世界の戦いについての優れた本としては、短いものと長いものが二つある。以下の文献を参照のこと。Harry Sidebottom, *Ancient Warfare: A Very Short Introduction*（Oxford: Oxford University Press, 2004）, esp. ch. 5; and Adrian Goldsworthy, *Caesar: The Life of a Colossus*（London: Orion Books, 2006）.

（5） ご多聞にもれず、戦略研究の文献は、それが書かれた当時のジレンマや問題から生まれたものだ。近年書かれた優れた文献については以下のようなものがある。Daniel Marston and Carter Malkasian, eds., *Counterinsurgency in Modern Warfare*（Botley: Osprey Publishing, 2008）; David Kilcullen, *The Accidental Guerrilla*（London: Hurst, 2009）; Thomas Rid and Thomas Keaney, eds., *Understanding Counterinsurgency: Doctrine, Operations and Challenges*（Abingdon: Routledge, 2010）; Emile Simpson, *War from the Ground Up: Twenty-First-Century Combat as Politics*（London: Hurst, 2012）; and David H. Ucko and Robert Egnell, *Counterinsurgency in Crisis: Britain and the Challenges of Modern Warfare*（New York: Colombia University Press, 2013）.

（6） 軍の順応性について詳しい事例とともに書かれているものとしては以下の文献を参照のこと。Williamson Murray, *Military Adaptation in War: With Fear of Change*（Cambridge: Cambridge University Press, 2011）.

（7） Carl von Clausewitz, *On War*, trans. Michael Howard and Peter Paret（1832-4; Princeton, NJ: Princeton University Press, 1976）, 88-89［カール・フォン・クラウゼヴィッツ著、日本クラウゼヴィッツ学会訳『戦争

論 レクラム版』芙蓉書房出版、二〇〇一年、四六頁、強調は原著ママ〕.

(8) 私は暴力のカテゴリーに関する研究を以下の文献で掘り下げている。Colin S. Gray, *Categorical Confusion? The Strategic Implications of Recognizing Challenges Either as Irregular or Traditional* (Carlisle, PA: US Army War College, Strategic Studies Institute, February 2012). 専門家たちは自らカテゴリーを作って「新たな現象を発見した」と主張しがちだが、たしかに熱心に調べれば驚くほどの数の新しいカテゴリーを作れそうだ。

(9) 戦闘の結果は相互交流的な暴力のプロセスに支配されることを認めた優れた著作として以下を参照のこと。Patrick Porter, *Military Orientalism: Eastern War Through Western Eyes* (London: Hurst, 2009), esp. 170.

(10) Clausewitz, *On War*, 85〔クラウゼヴィッツ著『戦争論』四〇～四一頁〕.

(11) Ibid., 75〔クラウゼヴィッツ著『戦争論』二二頁〕.

(12) 以下を参照のこと。Gray, *The Strategy Bridge*, ch. 4.

(13) Murray, *Military Adaptation in War*.

(14) 私は以下の文献で政府関係者や未来学者たちの議論を検証したが、まったく参考にならなかったことを告白しておきたい。これについては以下を参照のこと。Colin S. Gray, *Strategy and Defence Planning: Meeting the Challenge of Uncertainty* (Oxford: Oxford University Press, 2014).

(15) 以下を参照のこと。Nicholas Nassim Taleb, *The Black Swan: The Impact of the Highly Improbable* (New York: Random House, 2007)〔ナシーム・ニコラス・タレブ著、望月衛訳『ブラック・スワン――不確実性とリスクの本質』上下巻、ダイヤモンド社、二〇〇九年〕.

(16) ドイツはかなり遅れてからソ連の軍事体制の強さに気づいたのだが、それに合わせて戦争の流れを変えるには遅すぎた。

(17) 戦略の未来における不確実性という問題についての私の取り組みは以下の文献を参照のこと。Colin S.

Gray, *Defense Planning for National Security: Navigation Aids for the Mystery Tour* (Carlisle, PA: US Army War College, Strategic Studies Institute, March 2014); Gray, *Strategy and Defence Planning*.

(18) 以下を参照のこと。Lawrence Freedman, *Deterrence* (Cambridge: Polity, 2004).

(19) 説得力のない社会科学主義の一例としては以下の救いようのない文献を参照のこと。Steven Pinker, *The Better Angels of Our Nature: The Decline of Violence and its Causes* (London: Allen Lane, 2011)［スティーブン・ピンカー著、幾島幸子・塩原通緒訳『暴力の人類史』上下巻、青土社、二〇一五年］. クリストファー・コーカーの著作はその短さにもかかわらず説得力のある議論を展開している。Christopher Coker, *Can War Be Eliminated?* (Cambridge: Polity, 2014).

(20) 以下を参照のこと。Lawrence Freedman, *The Evolution of Nuclear Strategy*, 3rd edn (Basingstoke: Palgrave Macmillan, 2003); and Colin S. Gray, *War, Peace and International Relations*, ch. 15.

(21) Lawrence Freedman, 'Has Strategy Reached a Dead-End?' *Futures*, 11 (April 1979), 122–31. フリードマンが行ったのは、バーナード・ブロディの以下の論文の議論の再検証である。Bernard Brodie, 'Strategy Hits a Dead End', *Harper's*, 211 (October 1955), 33–7.

(22) この疑問に対して最も強く「イエス」と答えているのは以下の優れた論文である。Williamson Murray, 'Thucydides: Theorist of War', *Naval War College Review* 66/4 (Autumn 2013), 31–46.

(23) かなり異なる世界観に対しても広く目を配ることは重要である。たとえばきわめて「非戦略的」ではあるが、読者のみなさんに勧めたいコンストラクティヴィズム的なものとして、以下を参照のこと。Ken Booth, *Theory of World Security* (Cambridge: Cambridge University Press, 2007). ブースは個人的な戦略の理解の深さを土台にして、自らの理論を以下の優れた本の中で書いている。Booth, *Strategy and Ethnocentrism* (London: Croom Helm, 1979).

第5章　戦略、諸戦略、そして地理

多くの人々は、戦略を理解しようとする際に、そこに絶対的な困難が存在することを実感する。私はその大きな理由の一つとして、そもそも「戦略」という言葉の使われ方がかなりいい加減であるからだと考えている。

本章の目的は、戦略という概念を混乱の中から救い出して解放することにあるのだが、それを主に地理的な要素を参照しながら行っていく。私は本章で戦略の二つの意味を説明していきたい。まず一つ目は、私の「一般理論」の中の二三の格言の中で示された、「機能」という意味である。そしてもう一つは、独特な状況において特定の結果を達成するための「特定の計画」を意味するものだ。

戦略家は、そもそも戦略の一般理論の「機能」的な面に通じていなければならないのだが、これは彼らが現代の軍事行動における物理的・心理的な領域において、特定の戦略をデザインして指揮する必要があるからだ。

たとえば私は「ダウディング英空軍総帥は、一九四〇年夏に戦略を持っていた」と主張した論文を書いたことがあるが、その理由として以下の要点を挙げている。

1　明らかに政治目的が込められたイギリスの防空計画（イギリスの降伏を迫れるほどのドイツ空軍側の勝利を防ぐこと）を作成した。

2　ドイツ空軍の勝利を防ぐために、空域での適切な戦い方を選択した。

3　一九三六年から英空軍戦闘機軍団を準備し、一九四〇年にはそれが必須となることを証明した。

4　ドイツの空からの攻撃の流れや結果について、カギとなる前提をうまく設定することができた。

端的に言えば、ダウディングは本物の戦略家であることを証明したのであり、あらゆる戦略史の中で最初の（当時の陸上では戦闘が行われていなかったという意味で）独立航空作戦を計画し、それを指揮したのである。[1]

一般理論の「戦略」（strategy）とは対照的な、現実の作戦行動で使われる複数形の「諸戦略」（strategies）というものは、特定の状況下に適切な戦略を必要とする人々によって、詳細な要素が加えられた（もしくは無視されて欠落した）ものである。一般理論は、歴史的に独特な状況下における「どうやって？」や「何を使って？」という疑問に対する答えまでは用意できない。ヒトラーが欧州大陸に築き上げた「要塞」に対して攻撃する際に、われわれは「何を使って」それを実行すべきなのだろうか？　同じような意味で、第三帝国側はどのような軍事資産（アセット）を使って、連合国の侵攻をどのように守ればよかったのだろうか？

「一般的なもの」と「歴史的に特定的なもの」の違いは、「互いに補完的だが階層的な存在である」と理解できればうまく説明できる。その他の分野と同じように、戦略には「一般理論」と、目の前の問題に適切に対処する方法を教える「応用理論」の、両方が求められているのは明らかだ。たとえば一九四四年のアイゼンハワー将軍は、戦略の一般理論（目的、方策、手段、そして前提）の中の要素が相互依存構造になっていることを十分に知る必要に迫られていた。このような一般理論の知識があれば、欧州大陸への侵攻を指揮するための準備や実行が容易になったからである。つまり一つの一般理論があれば、世界中の戦略家たちに対して、あらゆる紛争に対する基本的な教育を授（さず）けることができるのだ。

■一般と特定

人類の戦略史は、二つの補完的な要素によって成り立っている。まず一方は、政治問題における戦略の機能の重要性が継続していることであり、もう一方は、多くの歴史的実例において実際に使われた戦略の機能の中に、特殊な要素が含まれていることである。もちろんクラウゼヴィッツは、理論には「いたる所で道に光を照らし」す力がある、と説得力を持って賞賛しているが、人々が誤った選択をしてきたという歴史的な現実については触れていない[2]。ところが彼は、戦争行為が「戦場で使用できるような代数を使った公式」に凝縮できないことを認めている[3]。歴史上、例外なく、戦略を応用するにはつねに抽象的なアイディアを、特定の時代や特定の場所、そして特定の状況における、一つの行動計画に落とし込む必要があるのだ。政体（polity）というのは運動選手のように、目の前のニーズに合致するような戦略を選んで実行しようと努力するものだ。

戦略はそもそも成功させるのがきわめて困難であるため、それなりのパフォーマンスだけでも満足するほうが賢明である場合が多い。戦略史は現在進行中のものでもあるため、実際的な問題の大きさや多様性というものが見えにくい傾向がある。戦略の理論を習得するのは重要であるが、それも「目の前の独特な文脈の中で戦略のスキルを創造的に発揮して実行可能にしてくれる場合には」という条件がつく[4]。

交戦国同士の戦略のデザインの中で最も核心的な部分は、科学的な分析には適していない。戦略的なパフォーマンスを生み出さないといけない政治的行為者というのは、すでに論じられたような、いかなる紛争においても最も重要となるいくつかの「要素」に還元してとらえることはできない。異なる歴史的な事例の中には共通する要素――たとえば危機や、強制を試みたときの反応、もしくは同盟の信頼性など――が多くあったとしても、それが本当に共通していたのか、疑いの余地をつねに残しておくほうが賢明なのだ。この疑いは、戦略史にはつねに似たような要素が何度も支配的になるパターンがありながらも、その一方で、すべての事例が発生する状況は明らかに独特なものであるという、やや不快な事実の認識から生まれるものだ。

私は本章の後半で、戦略が効果的に実行できるかどうかを科学的に証明することは不可能であると論じている。とりわけやっかいな例として挙げられるのが、核兵器に関する戦略の実践であり、われわれはこれに対する疑いを完全に払拭（ふっしょく）することができない。第一次世界大戦では毎年発生していた、目に余るようないくつかの誤りは、その翌年に戦略を実行する際の問題の修正や改善につながった。そのような価値のある（大きな代償を払って手に入れた）戦略の教訓というのは、核戦争においては得られそうもない。実際のところ、このような戦いにおける明白な特徴というのは、「学べる経験」そのものが必要とされないという点だ。核戦略においては、これこそが歴史的にも独特な特徴の一つとなっている。「経験から学ぶ時間」が得られたり、そのような時間が適度なプレッシャーのもとで得ることができる、と考えるほうが間違っているからだ。

戦略というのは、より軍事に特化した歴史書や、社会科学的なアプローチをとろうとした研究書の中では、感情を抑えた冷徹な計算が可能な活動のように見えるものだ。戦略の実践は、一般理論からインスピレーションを受けるものかもしれないが、その際われわれはつねに、一般理論の普遍性の中にある抽象的な智慧を、今日と明日の脅威と行動のための一つの計画へと移し替える必要性に直面することになる。

戦略計画の最大の目的は、狙った効果を得るための任務を、戦略的に組織して分配することにある。国家の安全保障のための戦略計画に対するアプローチとしてとるべきものは、いわゆる「大戦略」として知られるものが優れていると言われている。[5] この野心的な概念は、ある国家が目の前の全体的な問題に対処する際に、自身の持つあらゆる資産（アセット）を、大規模な戦略的効果を追求する中で活用するための、ガイダンスとコントロールを提供しようとするものだ。ところが実際のところは、どの国家もそれぞれ同じ国力を平等に持っているわけではないし、直面した危機に対する弱点がそれぞれ違う。その証拠に、各国家は独自の戦略史——独特の経験や物理的な地理的状況によって決定づけられる——を持っているため、さまざまな能力によって構成された軍事力による、それぞれ劇的に異なる防衛態勢を持っているのだ。これは、いわば当然の結果といえよう。

■地理、歴史、政治

国家はなぜそれぞれ異なる安全保障（諸）戦略を持っているのだろうか？[6] 資料もよく残っていて、技術的にもよく理解されているような歴史状況や、予算面での制約や戦略的な状況が「決定的な要素」には見えないような例があったとしても、そこからこの疑問に対する確固とした答えを導くのは難しい。

まず言えるのは、国家が安全保障、とりわけ国防に関する政策の形と中身を決定するときには、政府はつねに多くの政治的な圧力にさらされ、しかもその圧力をかけようとする勢力さえ、政府の注意を引こうとして互いに争うものである。地理は、国家の安全保障の選択に影響を与える要素の中で、これまで――そしていままでも――つねに優先度の最も高い地位を得てきた。この事実は、今日においてもまるで変わっておらず――といっても議論の余地があることは明白だが――、過去二〇〇年間を形作ってきた累積的、さらには革命的な変化にも、まったく影響を受けていない。そもそも大きな視点から「国家の地理的な認識について何が最も影響を与えているのか」を考えてみれば、その問題の規模と重要度はすぐに明確になるはずだ。私はここであえて大胆に、二つの主張をしてみたい。

1　地理――客観的・主観的の両方――は、国家の安全保障の問題について、他のどの要素よりも説明をしてくれるものだ。ただしこれは「それが決定的な力を持っている」ことを意味するわけではない。

2 地理は、国防面である特定の選択がなされた理由について、欠かすことのできない説明を提供するものである。

ある国家の歴史――といっても戦略史のほうではない――は、地理的な要素を多く含む説明を行うのに向いている。すべてを地理のせいにしなくても、われわれは国家の安全保障や、その懸念において、地理的な位置関係が大きな意味を持っていることを知っている。カウティリヤは『実利論』の中で、隣国が自国に及ぼす優位と危険についてアドバイスしている。[7] 国際政治における一般的なルールの一つに「隣国は敵になりやすい」というものがあるが、同時に政策と戦略の地政学的チェスボードの上では「その隣国以外は同盟国となることが多い」ということも言える。この原則が当てはまらない場合があったとしても、それが当てはまる可能性はつねに存在するし、それは近くの国同士の間で紛争の潜在的な火種として残るものだ。

結局のところ、これらはほぼ一般常識であると言える。読者のみなさんの中には、一九八〇年代を通じて、中華人民共和国がまるでアメリカにとってのNATOの同盟国のように考え、実際にそのように振る舞っていたことを覚えているかもしれない。この長い期間の間に、私は中国の前線の指揮官たちと米中共通の戦略的懸念について議論をしたことがあるのだが、[8] このときには本当に米中間で「戦略的危機を共有している」という強い雰囲気があったと感じた。なぜなら一九八〇年代に、ソ連は中国との国境付近におよそ四二個師団を配備していたからだ。

近代の戦略史の中のもう一つの有名な例として、オットー・フォン・ビスマルクの例を挙げたい。彼は新たに帝国となったばかりのドイツにとって、西側のフランスと東側のロシアという、二つの劇的に異なる正面で戦争を計画することの危険性を、十分にわかっていた。ここからわかるように、ドイツの地理的な位置が理解できれば、一八七〇年代から一九四五年までのドイツの対外政策と戦略について、実に多くのことが説明できる(9)。

ある国家にとって、地理というのは戦略の選択、さらには国防準備において、実に大きな影響力を必然的に持つものだ。多くの国家は、独自の地理的状況における作戦行動のために特化された軍事装備を購入するものであり、地政戦略的（ジオ・ストラテジック）な方向性の優先順位について混乱することはあまりない。ものごとを明確にするためにあえて誇張するが、国家安全保障の方針というのは、主に大陸的なものと海洋的なものにわけて考えることができる。

空の領域、さらには核兵器の領域、そしてさらに最近になって加えられたサイバー空間などは、その問題の大小の差はあれども、私が指摘した「陸と海」という二つの地理的な選択よりも限定的なものだ。私は空の領域が、独立的な地政戦略面での支配状態を達成できておらず、少なくともその達成のためには核兵器運搬の任務がともなっていなければならないと考えている。この条件をなんとか享受できていたのは、一九四五年から一九六〇年までのアメリカだけであった。

サイバー空間に関して言えば、われわれはこの新しいテクノロジーがどのように戦略的に使われるのかということについて、自信を持って理解できていると言い切れない状態にある。たしかに世界中でサイバーに関する専門知識は急速に増えており、防衛や攻撃についての経験も積み上げられてきたが、技術・戦術面で発揮される戦略的な意味については、まだ刺激的な主張とそれに対する反論がなされるような領域を出ておらず、それらのほとんどは怪しいままだ。(10)「国家の地理的な方向性は、国家安全保障政策の中に見ることができる」というのはたしかに注目すべきことだが、その方向性が戦略的にどのような意味を持つのかを理解することも、それと同じくらい重要だ。そのためにわれわれは、まだ未熟だが研究対象として注目されつつある「大戦略」と「地政戦略」というテーマにとりかかる必要があるだろう。

■大戦略と地政戦略

学者たちの間では「大戦略」の一般的な定義についての同意はなく、しかも「地政戦略」というおおまかで不確定なアイディアについても、明らかに不快な態度が示されている。このような事実を踏まえつつ、私はあえて自分の定義や説明を行っていきたい。

「大戦略」(grand strategy)とは、ある安全保障コミュニティーが自らの資産(アセット)のいくつか、もしくはそのすべてを、一体どのように投入すればいいのかを、指示したり活用したりするためのものだ。大戦略の概念は、それを生み出す政策や政治プロセスなどよりも、その重要度は低い。もちろん大戦略はかなり重要なのだが、それを明確にしようとする学者や実務家たちの数は、なぜか少ないのである。

私の見解では、戦略に「大（グランド）」という言葉がつくのは、その重要性が認められているからではなく、その理論的・実務的な面が総括的なものであると理解される必要があると考えられているからだ。「大」戦略になる上で、戦略はあるコミュニティーのすべての資産（アセット）を動員可能にする必要が出てくるのである。

地政戦略に話を移そう。「戦略」そのものには、特定の物理的地理以上の意味が含まれているが、選択された「諸戦略」は、地理的な制約を受け容れなければならず、むしろ好ましい地理的な文脈を利用できるようなものでなければならない。読者のみなさんに覚えておいていただきたいのは、地理的な状況の中には潜在的に制約があること——異様に長距離であったりきわめて起伏のある地勢、そして厳しい天候状況など——を認めるのと同時に、物理的な地理が政策や戦略を決定してきた、という歴史的な解釈について、あまり好意的になりすぎないよう注意することだ。戦略史が教えているのは、不注意な政策の選択は頻繁に起こるということであり、中には壊滅的な結果をもたらす有害なものもある、ということだ。ここでの私の狙いは、単に「戦略史において特定の物理的な地理的状況はつねに一定の役割を果たしているが、その役割そのものを誇張してはならない」と指摘することだ。ところが過去五〇年間にわたる戦略研究や国際関係論の専門家たちは、この役割についてあまりにも軽蔑（けいべつ）的であった。もちろんテクノロジーは物理的な地理に挑戦してきたのであり、その意味を変えることもできる（一九四〇年にはドイツ空軍がイギリス南岸に到達するまでたった六分しかかからなかったことは、地理が致命的な重要性を持っていたという好例だ）。

地理的な要因と同じくらい重要なものとしては、広い意味で「文化」と理解できるような、「アイディア」や「衝動」と呼べるようなものがある[11]。私は本書において、物理的な影響と同様に、むしろアイディアの力も認めていただきたいと考えている。もちろんこの説明を抽象的にしすぎてもいけないのだが、それでも私は、それが大戦略であれ軍事戦略であれ、戦略というものが個人、さらには集団的な「想像」の産物であり、その実行は慎重な分析や議論の結果ではなく、むしろ人間の「意志」によって行われるものであると主張したいのだ。

未来というのはまだ起こっていないものであり、しかもつねに知り得ないものであるために、未来のための戦略には、信頼に足る検証データがつねに存在しない。たとえば今日において、アメリカとＮＡＴＯがウラジーミル・プーチンの見せる独断的な地政戦略的野望に対して、一体どのような選択肢を取りうるのかを考えてみてほしい。そこで気がつくのは、われわれの考えが、おそらく確かであろうと信じている、「実際の現実」についての「前提」に、深く依存しているということだ。アメリカとＮＡＴＯの戦略は、明確かつ大規模な侵略行為に対する防御に関しては十分に考慮されたものであろう。ところが国政術と戦略の歴史は、つねに「受け入れられる、受け入れられない行動」を明確に示すことから始まるものではない。実際のところ、国家のリーダーと戦略家たちは、彼らが関心を持っている物理的な地理的状況というものを、むしろ彼らが主役を演じ、しかも脚本を書こうとする演劇のための「舞台」としてとらえていると考えるほうが正しい。そしてこの「配役」は、目の前の政治問題のテーマそのものを決定するのだ。

大戦略や地政学、そして地政戦略のような大きな概念は「大きな物語（ナラティブ）」として見ることも可能だ。このような「物語」は、物理的な現実を誠実に反映したものではなく、むしろストーリーや創作・編纂された訓話、さらに、主に政治的意志による行為として実践されるものであったりする。私は想像や政治的意志の行使を、単なる「創造的なもの」として否定するつもりはない。むしろ私が主張したいのは「国政術において論理的・感情的に選ばれる選択肢を、あらたに地理的な面から再解釈して、それを積極的に活用すべきである」ということだ。

■マッキンダーとスパイクマン――極大戦略における冒険的事業

二〇世紀半ばから、国際関係論の理論家たちの中でも、とりわけ政府に安全保障政策や戦略についてアドバイスするような勇気を持った人々は、地政学や地政戦略という「何でもあり」の分野に対して消極的であり、知的にあえて「勇敢に突き進む」（boldly go）――これはスタートレックに出てくる文法的に怪しい言葉だが――ことはできていない。地政学は、ナチス政権の帝国的な野望との関係の近さから「有罪」のレッテルを貼られてしまった。(12) ところがこのような関係の近さから有罪だと非難することはあまり有益ではなく、この「政治的正しさ（ポリティカル・コレクトネス）」を求めたがゆえの結果として、政治や戦略の分析における地理的要素の欠如に明らかにつながってしまったのだ。

ここで覚えておいていただきたいのは、「地政学・地政戦略的な考慮」というのは、ただ単に「政治や戦略に関する問題において、地理が大きく関わってくる可能性があることを警戒すべきだ」という意味であるという点だ。政治と戦略というのは、それが根拠のある・なしにかかわらず、「地理的な事実である」と主張されるものや、地理についての強い意見などによって、大きく影響される可能性を持っている。たしかに物理的な現実に基づかない政治や戦略の考え方は、客観的な現実に対して一時的には勝利できるのかもしれないが、ヒトラー総統の例からもわかるように、「人間の意志がきわめて不都合な実践面での現実を超えることができる」という考えには、やはり無理がある。世界の戦略史は、実際面ではつねにロジスティクス、つまり補給と機動の科学の制約を受けてきたからだ。これはあまりにも一般化した主張かもしれないが、基本的に百年前でも今日においても、相変わらず当てはまっているものなのだ。

戦略の未来に関して最も実践的なことを言えば、ここで注目しているのは、ロジスティクスに関するストーリーである。もちろん「二一世紀のテクノロジーは、過去において戦力投射のためのロジスティクスの供給を妨げてきた、地理的なジレンマや障害を解消した」と考えることもできるが、これは全体的に見れば間違っている。たしかに補給――補充や戦闘でこうむった被害のための修理を含む――と機動というのは、大陸間を横断する高速の航空輸送の登場や、比較的安全な情報通信技術が世界的にも使用可能になったことによって大きく変わった。ところが潜在的に重大となるロジスティクス面での問題が解消したと考えるのは、大きな間違いである。

たとえばアジア太平洋地域のリムランド（訳注：ユーラシア大陸の周辺沿岸部のこと）において展開されると予測されている米中間の覇権争いだが、そこでは「中華人民共和国が政治的にその地域に存在していて、アメリカは存在していない」という非対称的な事実が、圧倒的な存在感を示している。もちろん細かいところは変わったが、「アメリカが第二次世界大戦の頃と変わらず、太平洋のハワイ諸島からはるか西側に基地を必要としている」という地政戦略的な事実は変わっていない。[13] マリアナ諸島の中のグアムは、一九四四年から四五年にかけての頃と同じように、将来においても戦略的に重要なままだ。

戦略的な計算に侵入してくる物理的な地理条件のもう一つの例として挙げられるのは、グローバルなITと、核弾頭搭載可能な大陸間弾道ミサイルの時代においても、ウラジーミル・プーチンがクリミア半島をロシアに再編入した際のドラマチックな動きにおける、地理の役割である。ウクライナ、さらにはクリミア半島の例がわれわれに思い起こさせてくれるのは、戦略というのは戦略投射（パワープロジェクション）に関するものであるということだ。もし黒海や台湾周辺の沿岸域に戦力投射ができなければ、実施可能な戦略的オプションに関わる政治的な選択肢の範囲は、きわめて限られてしまうのだ。

あらゆる戦略におけるロジスティクスの重要性を踏まえて考えると、戦略思考における地理の重要性が強調されるべきなのが当然のように理解できる。すでに述べたように、国際関係論の理論家たちは半世紀以上にわたって、世界の政治問題における地理的な面に関して忘れてしまったように見える。ところが戦略の未来は、世界中で、あらゆる種類の地理的な考慮によって大きく影響されることが確実なのだ。

世界政治と戦略に関して最も重要な理論家を二人挙げるとすれば、イギリスの地理学者であるハルフォード・マッキンダー卿（一八六一年～一九四七年）と、オランダ系アメリカ人の学者であるニコラス・ジョン・スパイクマン（一八九三年～一九四三年）である。(14) この二人の地政学の理論家たちを挙げた最大の理由は、彼らのアイディアが未来の政策や戦略の要件に関わってくるという点ではなく、むしろ「グローバルな視点」とでも言うべきものを読者たちに紹介したことにある。優秀な理論によく見られるように、この二人の理論家たちの支配的なアイディアは、きわめてシンプルに表現できるし、説明できるものだ。実際のところ、彼らの考えの論理（ロジック）は比較的簡単に――ガイドラインとして――政策や戦略に移し替えることができるために、危険なほどカジュアルな引用や誤用を生み出すことが多い。

世界の本物の政治的・戦略的な状況というのは、われわれの分析にとって大きな重要性を持っている。そしてマッキンダーとスパイクマンは、世界秩序の主な問題点、つまり世界の勢力均衡（バランス・オブ・パワー）の必要条件については、その前提となる考え方を共有していた。彼らの中心的な視点は、論理的な「格言」という形で表現されている。ハルフォード・マッキンダー卿は一九一九年に以下のように記している。

東欧を支配するものはハートランドを制する
ハートランドを支配するものは世界島（ワールドアイランド）を制する
世界島（ワールドアイランド）を支配するものは世界を制する(15)

マッキンダーの「世界島」とは、ユーラシアとアフリカの両大陸のことだ。「ハートランド」とは、川が内海、つまり氷に覆われた北極海に流れる、ユーラシア中央の地域のことを指す。言い換えれば、ハートランドは戦略的に考えた場合に、世界の陸地の中でシーパワーが到達できない地域ということになる。

マッキンダーはイギリスのヴィクトリア朝時代のリベラルな帝国主義者だったのであり、彼の最大の戦略的関心事は、つねにイギリスとその帝国の安全にあった(16)。彼の視点によれば、世界最大の長期化した戦略的競合は、ランドパワーとシーパワーの間で行われていた。もちろんイギリスの海洋面での覇権状態は、ドイツ帝国が二〇世紀初頭に「外洋艦隊」を建造し始めるまでは深刻な問題に直面しなかったのだが、マッキンダーは予期される大陸からの挑戦に直面した際の海洋帝国の脆弱性について、深刻に受け止めていた。彼は、海洋に完全に依存しているイギリスがライバルとなる可能性を持った陸上の覇権国の気をそらし、海軍面での優位を継続させるためには、いくつかの大陸の同盟国が必要であることに気づいた。マッキンダーにとっての悪夢は、ドイツ――さらに後にはソ連――が大陸で覇権を実現し、戦略的な目的として、イギリスの海洋、そして世界における支配状態を脅(おびや)かすというものだった。

ニコラス・ジョン・スパイクマンは、マッキンダーの地政学的・地政戦略的悪夢である「ランドパワーがユーラシア大陸において支配的になる」というイメージとはやや異なり、ランドパワーたちはその結果として、さらに支配的なシーパワーも確保できる可能性があると想定している。早すぎる死のたった一年前の一九四二年に、スパイクマンは一世代前にマッキンダーによって発せられたものとは対照的な、以下のような格言を記している。

> リムランドを制するものがユーラシアを支配し、
> ユーラシアを支配するものが世界の運命を制する(17)

すでに見てきたように、偉大な地政学の理論家や政策提唱者たちは、自らの理論の核となるアイディアを、きわめてシンプル――むしろシンプルすぎるのかもしれないが――な形で表現することができた。

マッキンダーとスパイクマンにとって最も中心的なアイディアは、野蛮(やばん)とも言えるほど直接的な表現で説明されており、これはその他の学術的な分析とは対照的だ。もちろんマッキンダーとスパイクマンの考えには明らかに異なる部分があるのだが、とにかく重要なのは、彼らが自分たちの国家の関心と利害に影響を及ぼす戦略面での最大の問題は何であり、それをどう認識するかで同意している、という事実である。二人が同意しているのは、将来にわたっても過去においても、ユーラシア・アフリカという超大陸が、単一の、つまり覇権的な国家によって支配されるような世界の潜在的な危険を感じているという点だ。

この二人の理論家たちは、「単一の国家によって支配されたユーラシア大陸のパワーの潜在性は、長期的に見れば、沖合の島々だけでなく、イギリスやアメリカの本土にとっても致命的な問題になる」ということを、一つの事実として見ていた。ただしスパイクマンは、中国、モンスーン地域の南アジア、そしてヨーロッパによって構成される「内側の沿岸三日月地帯（インナー・クレセント）」のほうが、「ユーラシアのハートランド」と名付けられた不毛な地域よりも人口・資源・生産力などの面で偉大な潜在力を秘めていると考えていた点で、マッキンダーとは意見が大きく違った。これはつまり、ハートランドからの政治・戦略的な脅威には、ユーラシアの陸上で対抗することが可能（というか望ましいこと）であることを意味していた。ところがもし単一の国家がリムランドの資源を侵略的な目的のために統一管理するようになると、深刻な危機が発生する可能性が出てくる[18]。

私がマッキンダーとスパイクマンの地政学・地政戦略的な大理論をここで紹介した最大の理由は、その細かい話を議論するためではなく、むしろ現時点において、二〇世紀前半に誕生して発展させられたこれらのアイディアが、将来にわたっても有効なものであるかどうかを考えていただきたかったからだ。ここでわかったのが、歴史における細かい部分を取り除くと、彼らのような偉大な理論家たちは、現在でもきわめて妥当性の高い問題を指摘し、その政治的・戦略的な解決法を探し出していたことだ。なぜこういうことができたのかという理由については本章でもすでに述べた通りだが、ここであえて付け加えておくとすれば、それが物理的なものか、もしくは認識・解釈されたものかにかかわらず、「地理」には相変わらず継続的な影響力があるということだ。

ここで思い出していただきたいのは、私が本書で人類史の不快な経験を発生させてきた原因をよく説明できる、三つの「悪役」を指摘したことだ。一つ目が「人間の本性（ヒューマン・ネイチャー）」であり、二つ目はそのために「人間は政治組織を必要とする」ということ、そしてその直接的な結果として「戦略が必要とされる」ということだ。これらは人類の過去、現在、そしておそらく未来がなぜ野蛮なのかについての理由を暴く説明のための「弾丸（たま）」を与えてくれるものだ。

スパイクマンとマッキンダーの壮大なアイディアについて考えたときに気づくのが、この二人のアイディアにとって継続的な「地理的事実」というものが大きな役割を果たしており、戦略の未来におけるわれわれの探求に、大きな関連性を持ったものであるという点だ。この二人の理論家における最も重要な違いは、マッキンダーがハートランドの危機によって繰り返し発生する「大陸からの脅威」が世界の勢力均衡に影響することに注目しているのに対して、スパイクマンは「ユーラシアの人的・資源的な面における本物の潜在力は、ハートランドではなくリムランドに存在している」として、どちらかといえば楽観的に見ている点だ。

地政学・地政戦略から政治・戦略を選択するという現実的な世界の話に目を向けてみると、われわれが気づかされるのは、二〇世紀の世界の勢力均衡と国際秩序において主要な国家プレイヤーであり組織者であった、イギリス、そして少しあとになってからのアメリカだけが、この偉大な理論家たちによって説明された政治・戦略的な論理(ロジック)を受け入れていたように見えるということだ。これについては実例を二つだけ挙げてみたい。一九一四年から一八年まで、大英帝国は世界の勢力均衡と国際秩序を維持するために、ほぼ「総力戦」とも言えるような戦いに従事していた。それに対して一九四六年から四九年までのアメリカは、ソ連がユーラシア大陸周辺のリムランドをコントロールするのを阻止するために、政治・戦略面で最大限のコミットメントを行っていた。この二つの実例からわかるのは、地政戦略的な論理(ロジック)は、単純に物理的な地理に由来する政治的な意味から生まれたということだ。イギリスとアメリカの両国は、ユーラシアにおいて不均衡な戦略的脅威が存在すれば、自分たちの安全も確保できないと判断したのだ。

地政学的・地政戦略的な視点というのは「国政術の謎」とでも言うべきものを解き明かす、一つのカギを提供できる。そのエッセンスだけ言えば、マッキンダーとスパイクマンは、最高の国家のリーダーや戦略家たちが問いかけてきた「だから何なのだ」（So what?）という疑問に対して、明晰で明確な答えを可能にしている。そしてこの政治と戦略に関する疑問に対する、イギリス、そして後にアメリカから出てきた実践的な答えは、むしろ明白である。ユーラシア大陸の人・資源・経済面での潜在力はあまりにも大きいために、それを支配しようとするいかなる勢力に対してもつねに対抗するべき（といってもやりすぎてもいけないが）であり、それを使って世界支配を達成させてはいけないということだ。

もちろんイギリスもアメリカもユーラシア大陸の沖合に位置しているために、大陸の脅威からはいくらか安全ではあるのだが、それでもテクノロジーの発展のおかげで、いつまでも安心できるような状態にはない。たとえば一七四〇年に、ロバート・ウォルポール英首相の息子であるホレス・ウォルポールは、「大陸における陸上戦がこのまま続き、われわれ自身の力を頼る以外にフランスからの侵攻に対する安全が確保できなければ、私は来年の春か夏までには英国に戦争の余波が及んでくることになると見ている」と分析している[19]。

ではここから陸、海、そして空という環境に立脚した、いまでは「伝統的」となった戦略理論が、まだ重要性を保っているという点に目を向けていきたい。ちなみに現時点では、サイバーパワーの戦略的な意味についての信頼に足る批評は大きく欠けている[20]。

■戦略は統合的なもの

戦略史を通じた一般原則の一つが「ランドパワーとシーパワーは、程度の差はあれ、相互依存的な存在である」というものだ。さはさりながら、やはり特定の安全保障コミュニティーは軍事面において、主に海洋的なシーパワーか、大陸的なランドパワー志向のどちらかを好むものであり、結果的にそれが戦略の好みにも反映されることになる。もちろん「すべての戦争はそれぞれ異なるものだ」という主張は――ありふれたものだが――正しいのだが、それでもわれわれはこの事実をやみくもに受け入れるべきではない。

どの時代のどの軍事力も、その機能とダイナミクスにおいては共通点がある。[21]この主張が支持しているのは「機能面から見た場合、戦略というのは近代になってから発見されたものではない」という意見である。ただし、いかに異なる紛争の中に共通項があったとしても、原則的には「質的にそれぞれ異なる軍事力は、それぞれ異なる発揮の仕方をするものであり、その成功や失敗の理由も、きわめて独特である」というのは、戦略史の事実なのだ。ほとんどの戦略史から比較的明晰に見えてくるのは、「ランドパワーとシーパワーは、その両方とも必要である」という感覚である。

すでに複雑化していた軍事や戦略は、二〇世紀に入ってからエアパワー、スペースパワー、サイバーパワー、そして――これは実質的に独立的な要素なのかもしれないが――核兵器が加わることによって、物理的に独特な地理に特化された軍事力同士の、補完的かつ相互的な関係における「まじり具合と組み合わせ」に、さらなる負担がかかると同時に、それを活用するチャンスをも増大させたのだ。

今日において戦略の未来を考慮する際に言えることは、大規模で潜在的により強力な国家は、国家の地理、とりわけ戦略的な実践の「舞台」としてのロケーションにおける軍事的な焦点において、それぞれ異なる傾向を持っているということだ。当然ながら、特定の政体が特定の（たとえば海洋志向の）軍事構造や組織体制を維持する理由は多くある。それでも地理的な条件や、さらには歴史的な経験による不安感というものが、その戦略の焦点の選択に影響を与えるのである。

ただしここで記しておかなければならないのは、特定の地理——陸、海、空など——に適合された軍事力をあまりにも強調した排他的な戦略志向は、もし戦略史がまったく予期できない道をたどるとすれば、かえって脆弱性をさらす可能性があるということだ。その一例がドイツである。もし彼らが潜水艦を正しく使用し、しかもその数を増やせていれば、一九一七年にイギリスとその同盟国に勝利していた可能性は高かったからだ。

ここであらためて認識しておかなければならないのは、特定の地理環境に特化された軍事力というのは、戦略的効果を高めるのに寄与するものであり、そして他の要因が戦略的効果を高めるのを可能にするものとして、きわめて重要であるということだ。たとえば一九九〇年代に多国籍軍がイラクの防空網を全体的に破壊したわけだが、これは友軍の地上部隊に対するリアルタイムの航空支援を自由に行えるようにしたのと同時に、イラク側の地上での戦闘において（きわめて限定的だが）空から介入してくる能力を排除したのである。エアパワーは、第二次世界大戦初期から見れば紛争において比較的重要性が落ちていた時期もあったが、このイラクのケースは唯一の例外である。

一九三〇年代後半から、ランドパワー、シーパワー、もしくはエアパワーが、戦争計画やその実行において「最先端の要素」と見なされたり、実際にそのように使われたりするのは、どこでも共通に見られた現象である。そうなると必然的に、軍種間では競合関係が生まれ、新たなテクノロジーの主導者たちが、唯一必要なのは陸軍だけ、海軍だけ、いや空軍だけだ、と主張するようになる。

なぜなら最も好まれる軍種は、たとえばヘリコプターや短距離・中距離ミサイルのように、組織的に強化されることになるからだ。特定の地理に特化された軍事力は、それぞれ非伝統的な機能のために使うことも（効果を最大限発揮できないことが多いが）可能だ。それでも軍種をわける土台となっている特徴のある物理的な地理というのは、独特な戦略的効果のメカニズムを多く抱えているわけであり、それぞれ無視できないような、きわめて特殊な軍種ごとの「文化」を生じさせるものだ(22)。

ランドパワー、シーパワー、そしてエアパワーは、それぞれ他軍種を支援したり、さらには代替的な役割を果たすこともできるが、地理的に特化された軍種に、はやはりそれぞれ中心的な戦略的意味がある。ランドパワーだが、これは「ブーツ・オン・ザ・グラウンド」とも呼ばれ、実質的に地上で発生している事態を物理的にコントロールすることを意図して作られた存在だ。シーパワーはコミュニケーションに関するものだが、その理由は、これこそが人類がこれほど大きな環境（海）を最も効果的に活用できる唯一の方法だからだ。人間は海に住むことができないために、われわれは主に（ほぼグローバルな規模での）機動性という文脈からシーパワーを考慮すべきである。エアパワーは機動性を含む、いくつかの主要な戦略的役割を担っている。ところが戦略面から考えると、エアパワーは短時間で長距離を越えて上空から敵を攻撃できるという意味で、きわめて特殊な能力を持っていることになる。

シーパワーとエアパワーは、戦略における「切っ先（リーディング・エッジ）」としての役割を持っており、地上に住む味方の人間に最小限のリスクしか要求しないという点で共通している。これは味方にとってのリスクの軽減という意味で大きな利点であるが、敵に対してこちら側の抑止のコミットメントを表示するという観点からは、ネガティブな点と見ることもできる。ただし全体的に見れば、近年のランドパワーとシーパワーにはエアパワー的な要素が組織的に含まれているし、シーパワーとエアパワーが焦点を当てている戦略的文脈には、物理的な地上のコントロールの確保が必要となるため、必然的にランドパワーからの支援が必要となることが多い。

われわれ人間は地上にしか住むことができないことを踏まえれば、政策から求められた「戦略的効果」というのは、地図で示すことが可能な地上の政治的コントロールについての、何かしらの物理的な証拠として現れることが多いことは明白だ。決して忘れてはならないのが、戦略はつねに政策や政治のツールであり、戦闘そのものだけではないということだ。武力紛争――戦争と戦い――というのは、組織化されて応用された、暴力の帰結でしかないのだ。軍事的な成功や優位を活用するために、勝者側は現地の地上に軍事的プレゼンスを用意するものだが、これは主に、自軍の兵士の犠牲によって手に入れた成果を、戦いのあとに生じる政治的混乱の中で無駄にしないようにするためだ。なぜなら「戦争に勝利して講和に負ける」というのは、戦略史の中ではよく見かけるエピソードだからだ。

国家や同盟国たちが戦いを決心した際に思い出さなければならないのは、彼らが戦争を戦うときに選ぶ方法、つまり彼らが追求する戦略・諸戦略は、戦後の秩序が確定した際に地上に一つの遺産として確実に痕跡を残すということだ。はるか数千メートル上空から、もしくはつねに海上で機動している艦船からのミサイル攻撃によって戦闘に勝利できたとしても、敵の国民を陸上において直接コントロールできなければ、戦後の政治秩序を支えるような貢献はできないのである。もちろんこれは、私が軍事力の使用という行為の品位を落としたいからそう言っているわけではない。なぜなら秩序のためのツールとして、軍事力の重要性というのは変わらないものだからだ。ところがここで覚えておかなければならないのは、良きにつけ悪しきにつけ、戦略の選択肢というのはきわめて長期的な帰結を持つことになる可能性が非常に高い、ということなのだ。

次の最終章では、二つの決定的な重要性を持つ問題を議論していく。第一が、核兵器が国政術と戦略に大きな違いを産んだのかどうかという点だ。第二は、本書で提示したカギとなる議論や主張を振り返り、それらが戦略の未来に何を教えているのかを描くことだ。

注

（1）Colin S. Gray, 'Dowding and the British Strategy of Air Defence, 1936-1940', in Williamson Murray and Richard Hart Sinnreich, eds., *Successful Strategies: Triumphing in War and Peace from Antiquity to the Present* (Cambridge: Cambridge University Press, 2014), 241-79.

（2）Carl von Clausewitz, *On War*, trans. Michael Howard and Peter Paret (1832-4; Princeton, NJ: Princeton University Press, 1976), 141［カール・フォン・クラウゼヴィッツ著『戦争論　レクラム版』芙蓉書房出版、二

〇〇一年、一二六頁〕.

（3） Ibid.〔クラウゼヴィッツ著『戦争論』一二七頁〕.

（4） 以下の私の著作のサブタイトル（*Theory for Practice*）は、まったく軽い気持ちで選ばれたわけではないことをご理解いただきたい。*The Strategy Bridge: Theory for Practice*（Oxford: Oxford University Press, 2010）.

（5） 大戦略は戦略研究においてまだ理論化が進んでいないが、潜在的にはきわめて重要な概念である。以下の文献は、大戦略のアイディアについてこれまでなされてこなかった、理論と歴史を包括的に検証したものだ。Lukas Milevski, *The Evolution of Modern Grand Strategic Thought*（Oxford, UK: Oxford University Press, 2016）. 以下も参照のこと。Paul Kennedy, 'Grand Strategies and Less-than-Grand Strategies: A Twentieth-Century Critique', in Lawrence Freedman, Paul Hayes and Robert O'Neill, eds., *War, Strategy and International Politics: Essays in Honour of Sir Michael Howard*（Oxford: Clarendon Press, 1992）, 228–42; John Lewis Gaddis, 'What is Grand Strategy?', lecture delivered at the conference 'American Grand Strategy after War', Triangle Institute for Security Studies and Duke University Program on American Grand Strategy, 26 February 2009, unpub.; and Charles Hill, *Grand Strategies: Literature, Statecraft, and World Order*（New Haven, CT: Yale University Press, 2010）.

（6） この根本的な疑問はなぜか学者たちの注目を集めていない。その答えを求めた近年の研究については以下を参照。Harry R. Yarger, *Strategy and the National Security Professional: Strategic Thinking and Strategy Formulation in the 21st Century*（Westport, CT: Praeger Security International, 2008）; Colin S. Gray, *Strategy and Defence Planning: Meeting the Challenge of Uncertainty*（Oxford: Oxford University Press, 2014）; and Stephan Fruhling, *Defence Planning and Uncertainty: Preparing for the Next Asia-Pacific War*（Abingdon: Routledge, 2014）.

（7）　Kautilya, *The Arthashastra*, ed. and trans. L. N. Rangarajan (New Delhi: Penguin Books, 1992), Part X［カウティリア著、上村勝彦訳『実利論――古代インドの帝王学』下巻、岩波書店、一九八四年、第十巻］.

（8）　この安全保障面での懸念の共有は「地政学的不安」から発生したものとして見ることもできるのであり、これが地政戦略のデザインを決定することにもつながる。

（9）　以下を参照のこと。Bruce W. Menning, 'War Planning and Initial Operations in the Russian Context', in Richard F. Hamilton and Holger H. Herwig, eds., *War Planning 1914* (Cambridge: Cambridge University Press, 2010), 80-142; and Paul Kennedy, ed., *War Plans of the Great Powers, 1880-1914* (London: Allen and Unwin, 1979).

（10）　以下を参照のこと。Gray, *Making Strategic Sense of Cyber Power: Why the Sky is Not Falling* (Carlisle, PA: Strategic Studies Institute, US Army War College, April 2013); and Jason Healey, ed., *A Fierce Domain: Conflict in Cyberspace, 1986-2012* (n. p.: The Cyber Conflict Association and the Atlantic Council, 2014).

（11）　文化主義に対する厳しい批判については以下の文献を参照のこと。Patrick Porter, *Military Orientalism: Eastern War Through Western Eyes* (London: Hurst, 2009); 文化主義に対する擁護については以下を参照のこと。Colin S. Gray, *Perspectives on Strategy* (Oxford: Oxford University Press, 2013), ch. 3.

（12）　Holger H. Herwig, '*Geopolitik*: Haushofer, Hitler and Lebensraum', in Colin S. Gray and Geoffrey Sloan, eds., *Geopolitics, Geography and Strategy* (London: Frank Cass, 1999), 218-41［ホルガー・ハーウィッグ著「ドイツ地政学――ハウスホーファー、ヒトラー、そしてレーベンスラウム」コリン・グレイ、ジェフリー・スローン編著、奥山真司訳『胎動する地政学――英、米、独、そしてロシアへ』五月書房、二〇一〇年］.

（13）　以下を参照のこと。Aaron L. Friedberg, *Beyond Air-Sea Battle: The Debate Over US Military Strategy in Asia* (Abingdon: Routledge for the International Institute for Strategic Studies, 2014), esp. 11［アーロン・フリードバーグ著、平山茂敏監訳『アメリカの対中軍事戦略――エアシー・バトルの先にあるもの』芙蓉書房

出版、二〇一六年、とりわけ第十一章].

(14) 以下を参照のこと。Halford J. Mackinder, *Democratic Ideals and Reality* (1919; New York, W. W. Norton, 1962) [ハルフォード・ジョン・マッキンダー著、曽村保信訳『マッキンダーの地政学――デモクラシーの理想と現実』原書房、二〇〇八年]; and Nicholas J. Spykman, *America's Strategy in World Politics: The United States and the Balance of Power* (1942; New Brunswick, NJ: Transaction Publishers, 2007) [ニコラス・スパイクマン著、渡邉公太訳『スパイクマン地政学』芙蓉書房出版、二〇一七年]; Spykman, *The Geography of the Peace* (1944; Hamden: Archon Books, 1969) [ニコラス・スパイクマン著、奥山真司訳『平和の地政学――アメリカ世界戦略の原点』芙蓉書房出版、二〇〇八年].

(15) Mackinder, *Democratic Ideals and Reality*, 150. (italics added for emphasis) [マッキンダー著『マッキンダーの地政学』一七七頁、強調は引用者].

(16) Geoffrey Parker, *Mackinder: Geography as an Aid to Statecraft* (Oxford: Clarendon Press, 1982); and Brian W. Blouet, *Halford Mackinder: A Biography* (College Station: Texas A & M University Press, 1987).

(17) Spykman, *The Geography of the Peace*, 43 [スパイクマン著『平和の地政学』一〇一頁]. スパイクマンの地政学理論を分析したものはきわめて珍しいが、以下の二つを参照のこと。David Wilkinson, 'Spykman and Geopolitics,' in Ciro E. Zoppo and Charles Zorgbibe, eds., *On Geopolitics: Classical and Nuclear* (Dordrecht: Martinus Nijhoff Publishers, 1985), 77–129; and Colin S. Gray, 'Nicholas John Spykman, the Balance of Power and International Order,' *Journal of Strategic Studies* (forthcoming).

(18) スパイクマンのアイディアが以下の文献の中で「復興」されたことは喜ばしいことだ。Robert D. Kaplan, *The Revenge of Geography* (New York: Random House, 2012), esp. ch. 6 [ロバート・カプラン著、櫻井祐子訳『地政学の逆襲――影のCIAが予測する覇権の世界地図』朝日新聞出版、二〇一四年、とりわけ第六章].

(19) Brendan Simms, *Europe: The Struggle for Supremacy, 1453 to the Present* (London: Allen Lane, 2013),

95におけるホレス・ウォルポールの引用。

(20)　Gray, *Making Strategic Sense of Cyber Power.*

(21)　「歴史的な細かい部分をすべて差し引いてみると、戦争というのは、人間のその他の営みに以上に共通項を持っていることがわかる」: Michael Howard, *The Causes of Wars and Other Essays* (London: Counterpoint, 1983), 214.

(22)　おそらく最も簡潔に軍種ごとの文化の違いを説明したものとしては以下を参照のこと。J. C. Wylie, *Military Strategy: A General Theory of Power Control* (1967; Annapolis, MD: Naval Institute Press, 1989)［J・C・ワイリー著、奥山真司訳『戦略論の原点』芙蓉書房出版、二〇〇八年］. より詳しく見たものとして、以下のものを参照。Roger W. Barnett, *Navy Strategic Culture: Why the Navy Thinks Differently* (Annapolis, MD: Naval Institute Press, 2009); Brian McAllister Linn, *The Echo of Battle: The Army's Way of War* (Cambridge, MA: Harvard University Press, 2007); and Colin S. Gray, *Airpower for Strategic Effect* (Maxwell AFB, AL: Air University Press, 2012), ch. 3.

第6章　戦略と未来

本書で展開してきた議論にとっては幸運なのかもしれないが、私が求める「人類の未来」にとっては不幸なことに、私は「われわれ人類の未来は、これまでのような過去や現在と変わらない」と信じている。ただしこれは、少なくとも悲観的な結論ではない。たしかにわれわれ人類の歴史はかなり血なまぐさいものであったが、歴史の記録を見れば、それよりも事態ははるかに悪くなっていたとしても不思議ではないからだ。もっとも、これから事態がさらに悪くなる可能性は残っているが。

本書で説明されているのは、歴史はこれまで人類がなんとか耐えられる状態で発展してきたというストーリーだ。それでも戦略面での危険という不快な現実、つまり今日まで続いてきた政治的な状況には、終わりが見えない。われわれが入手できるすべての証拠からわかるのは、人類が自然を原因とするものや、集団的な統治（つまり政治）に潜む問題から、つねに挑戦を受けてきたということだ。本書のように戦略の未来についての本が書かれ、しかも今日において出版する価値があると判断されたという事実だけでも、有望な兆候があると言える。つまり「未来にも戦略が必要とされる状況は続く」と考えるべきだということだ。

個人的なことを書かせてもらいたい。私は戦略を五〇年間も研究して議論してきたが、そのうちの一〇年間は、安全保障面でもかなり厳しい状況にあった冷戦後期である。本書に関連することで言えるのは、私が長年にわたって戦略の理論研究と、政府の核戦略作成への貢献という、二つの分野で働いていたという部分であろう。私があえてこれに言及しているのは、本書の議論にはそれなりの論拠があることを訴えたいからだ。

私は「人類の未来における戦略的な面には、これまで通り継続する重要なものが存在する」という考えを信じているわけだが、だからと言って私が潜在的な危険の数々にのんきに構えているわけではない（と少なくとも私はそう信じている）。本書で積み重ねた戦略面での懸念に関する議論は、結果的に危機のマネージメントにおける一つの材料になるはずだ。

私は、全般的な戦略論や、その支流の一つである核戦略も、一つの問題（もしくは複数の問題）として扱えるわけではないと論じてきた。一般論ではあるが、問題というのは、解決可能なものか、少なくとも改善できるものと見なされている。いまも続く戦略史の証拠が強く示しているのは、「われわれが直面し続ける安全保障問題は解決できないものであり、かなりの度合いで軽減できるようなものでもない」ということだ。それでも歴史的経験から言えるのは、われわれは全体としては、あまりにも人間的な衝動や不安感、さらには動機などによる明白な危険に対峙しても、政治的になんとか対応できるはずだということだ。

最終章となる本章では、核の危険に正面から現実的に向き合うとともに、その影響を本書における主な議論につなげて論じてみたい。本章の議論は、今後も続くことになる「核兵器の使用の可能性」という危険を認めつつも、これまでの章で展開されてきた議論全体をまとめることによって終えることにする。私の出した結論は、どちらかというと複雑なものである。それは、戦略の未来はわれわれの政治によって形成され動かされるものであり、この根本的な原因は「人間の本性（ヒューマン・ネイチャー）」までさかのぼることができるというものだ。戦略とは、人間が永遠に求め続ける「受け入れ可能な安全」を、政治的に解決するための方法の中の重要な一部によって担うものであり、結論のないストーリーだ。また本章の議論は、クリストファー・コーカーの新刊『戦争は排除できるか？』[1]で展開された、傑出した分析や議論を強く支持するものでもある。

■核という例外？

戦略が作られても、その作成者たちの意図したこと――場合によっては政治的に約束したことまで――を実現できない理由は、数多く存在する。そこで注目すべきは、世界政治という「空（そら）」の中に永遠に浮かぶ、戦略面でゲームチェンジャーとなる唯一の「雲」にあたる存在の、「核兵器」である。[2] この兵器は慎重な意図によって使われたとしても、致命的かつ回復不可能な被害を相手に与える、きわめて特殊な力を持ったものだ。しかしながら、われわれの未来から核の脅威が——それが潜在的か実際的かにかかわらず——取り除かれる可能性は、あいにくだがほとんどない。

まず読者のみなさんにご理解いただきたいのは、核兵器が単なる偶然によって発明されたり開発されたわけではない、ということだ。核融合の兵器化というのは、十数以上の科学やエンジニアの分野の世界レベルの理論・応用科学者たちが百年以上にわたって研究してきたもので、その成果は時間を経るにしたがってどんどん不可避になってきたものだ。[3] さらに言えば、「マンハッタン計画」(一九四二〜四五年)として知られるようになったプロジェクトは、まさに私が本書で指摘してきた、ツキュディデスが『戦史』で述べた「恐怖」「名誉」「利益」という根本的で永続的な動機によって突き動かされてきたのだ。こうした人間的な動機は、人間の本性、政治組織、そして戦略の論理的構造に加える必要のある概念だろう。

核兵器は、人類が開発してきたその他の兵器と根本的に共通している部分があるにもかかわらず、当分の間は単なる「もう一つの兵器」という分類で考えられることがないことは、みなさんにもおわかりいただけるはずだ。

私が本書であえて核兵器を取り上げたのには理由がある。それは、核兵器がその「性質」や、その「潜在的な戦略的効果」という意味で、その他すべての兵器と劇的に異なるものだからだ。この違いはあまりにも大きいため、将来、戦略の構造と機能が一貫したものになる可能性に対して、唯一根本的な問題を突きつけている。ここでは私が関わってきた戦略問題の中で、核兵器がほぼ二〇年間にわたって私の中心的な研究テーマであったことを指摘しておくべきかもしれない。本書のように、人類の未来における戦略のポジティブな役割を指摘する本の中で「核兵器は戦略の機能を危機に陥（おとしい）れると同時に、それを強化するものである」とわざわざ主張しなければならないのは、なんとも皮肉なことだ。そしてこのような立場をとるのは、このような本の著者としては不適切に見えるかもしれないが、私は長年にわたる研究や、数か国で核問題に直接関わってきた経験の結果、以下のような考えを持つに至った。

1　核兵器は、その他の兵器と比べてきわめて異なるものだ。その破壊力はあまりにも強力で大規模なものになりうるため、戦略的な計画全体――（政治的な）**目的**、（戦略的な）**方策**、（軍事的な）**手段**――の機能的な意味を失わせてしまうほどだからだ。それがもたらす被害は甚大（じんだい）なため、核兵器の使用はいかなる正気の（ましてや政治的な）目的のためにも使うことはできない。

2　戦争においてきわめて限定的な核兵器の使用を想像したり計画することは（ただ単に可能性の話だが）できるのだが、核紛争における競合状態の混乱の中では、エスカレーションが起こるリスクは確実に高まる。[4]恐怖によって発生する政治的・戦略的な「麻痺状態」というのは、頭の中で、さらには訓練などによってあらかじめ理解できていたとしても、国際秩序を維持するための不安定な土台しか提供することはできない。結局のところ、アクシデントは必ず発生するものだからだ。「政治の意思決定は注意深くなされる」という期待は、結局はあてにならない。欠陥を抱えた人間というのは、「理性的、合理的、そして慎重である」と完全に信頼できるものではないし、とりわけ紛争の「相手側」にそれを期待することはできないのである。

3　原子力の発見と、その後の兵器化への急激な動きは「パンドラの箱」にたとえることができるだろう。つまり「一度開けてしまえばそれを二度と閉じることはできない」ということだ。われわれ人類は核兵器から離れることはできず、おそらく同じような理由から、それを廃絶することもできない。これはわれわれがこれと似たような科学面での発見を捨てることができないのと同じだ。われわれは原子がなぜ、そしてどのように分裂するのかを知っているし、それをどのように起爆できるのかを知っている。したがって、もし核兵器を決して廃絶できないものであることを認めれば、核の危険を注意深く制御すべきだということになる。読者の中には「核廃絶プロジェクト」などが掲げる方針に関心を示している方がいらっしゃるかもしれないが、私がここで言えるのは、軍備管理や武装解除の歴史の記録は、かなり非生産的であるということだ[5]。核武装で得られる利益はあまりにも大きいため、なぜ核廃絶の達成がきわめて難しいのかは容易に理解できるはずだ。

4

実際面で言えば、国の大小に関わりなく、いくつかの国々（アメリカ、ロシア、中国、イギリス、フランス、イスラエル、北朝鮮）がこの兵器にさまざまな形（長距離・短距離、ジェット機やミサイルによる運搬など）で戦略的な意味を見出そうとしてきた。私の経歴の中のほぼ二〇年間は、この兵器の脅し、もしくは実際の使用に関するアメリカの戦略を考案したり改善することを追求することに占められてきた。世界の戦略家たちの中で、このような核兵器の性質や危険性の規模について認識できていないものはほとんどいないはずだ。われわれが確実にわかっているのは、一九四五年から以後七〇年間にわたって、核戦略を積極的に実行しようとした政権はないということだ。ところがまだわかっていないのは、この明らかな事実をどのようにとらえればいいのかという点である。この歴史は、核兵器が制御できることを証明する強力な証拠なのだろうか、それとも制御できない可能性から発生する恐怖を示すものなのだろうか？　ここでの重要な問題の一つは、抑止が効いていたこと証明する証拠が存在しないからといって「核兵器は無益であった」とは言い切れない点だ。[6] 証拠が欠如しているという問題は、核戦略についての豊富な推測の中に、実に多く充満している。人間が持つ動機と、ものごとの決定——これには政治的・組織的なものも含む——の理由を示す、信頼に足る証拠を見つけるのはきわめて難しい。戦略研究の中の、とりわけ抑止の概念に関する文献には、状況に基づく議論が豊富にあり、それらは理論的に主張される核兵器の利点を推している。抑止賛成論では、その想定や主張として核心の部分で「そのような合理的な根拠による」という表現をつかう傾向がある。このような抑止の「証拠」をめぐる問題は、核兵器だけの話ではなく、「潜在的な弱点」という意味では、政策と戦略の分野においても大きく注目されるものだ。七〇年経っても核兵器に関する「証拠が存在しない」という最大の問題は、政策と戦略の分野においても同じように存在し続けている。「常識的な感覚」という概念は問題がないとしても、たとえば「抑止の計算」（calculus of deterrence）という言葉は、核兵器に関して危険なほど間違った視点を（実際に許可まではしないとしても）引き起こしがちだ。相互核抑止の論理構造そのものは把握しやすいものだ。ところが抑止の成功を直接・間接的に左右するような、現実世界での相互的な行動というのは、数学的な計算から離れてしまうことが多い。たしかに抑止が効力を発揮したからという理由は、多くの状況において正しいと言えるのかもしれないが、それでも「相互抑止は絶対に効くとは言い切れない」という不快な事実は残る。抑止、さらには核抑止がなぜ確実なものとは言えないのか、その主な理由はいくつか挙げられる。それは誤算であったり、予期できず制御不能である可能性の高い出来事の連なりであったり、人間が（核兵器を含む）強制に直面した際に思いがけない強靭性を発揮してきたことなどである。

核兵器が登場したいわゆる「核時代」に入ってから七〇年がすぎたが、情けないことに「われわれは核兵器に関わる戦略にそれほど信頼を置くことはできないし、置くべきではない」という、戦略面でも恥ずべき事実は残ったままだ。それを否定できないのは、そのような兵器の脅しや実際の使用は、やはり核兵器を使った軍事行動によってのみ抑止できるものであり、場合によっては核兵器によって対処しなければならないからだ。

核兵器の最大の問題は、敵と味方がともに核武装している場合、本当に信頼に足る抑止が実際にはあり得ず、それが自殺的なものになる可能性があるという点だ。この問題の大きさは、誇張することさえ難しいほどだ。もし核兵器を使用する可能性を真剣に考えるのであれば、西側の民主国家たちは、この究極の難問を克服する必要がある。もちろんこの事実は広く知られているのだが、抽象的な純粋な論理や、実際の物理的な軍事的現実がわれわれに要求しているのは、核兵器の維持・保有なのである。

今日では核兵器の使用による戦略面での優位を生み出すような戦争計画を考えるのは難しいが、それでも核を使った脅しや、（自分たちも麻痺させられるのと同じように）相手に対して警戒させたりいらつかせたりするような計画を考えるのは、容易なのだ。

このような互いに明白に矛盾した考えを書くのは忍びないところだが、われわれの政府に対して、核を保有する以外に賢明な選択肢がない中では「政府に対して非理性的な要求をせずに採用できるような核兵器についての見解」というものはそもそも存在しないのである。[7] 科学、テクノロジー、政治、そして戦略が組み合わさることによって、われわれには満足に解決することのできない戦略上の問題が残されてしまう。われわれの歴史から得た重要な教訓の一つは、「きわめて不快な戦略面での事実を受け入れる必要がある」ということだ。核兵器に関して賢明で戦略的な決断をすることができないという事実は、人類の存在に今後も残り続けることになる。われわれはこれまで核の脅威を手なずけることができなかったし、将来にわたってもこれは不可能であることが濃厚だという事実は、まさに憐れむべき皮肉である。戦時における核兵器の使用について、政治的な管理やその制限を確実にしようと動くのはまさに賢明なことではあるが、それでも大災害の可能性は残る。われわれは安全保障を管理することに成功したために、逆にその犠牲者となってしまったのだ。

はるか先の未来まで見渡せば、われわれは、戦略とは「生き残りと安全を提供する」という意味で決定的なツールのまとまりであり、核の脅威に関しては「信頼に足るような安全のレベルには到達しない」と論じなければならないだろう。国際秩序の安定を下支えしている可能性のある核兵器の驚くべき危険性は、同時にこの秩序に対する最も致命的な危険を構成しているのだ。世界政治が危機に陥っても核兵器が使われない可能性に賭けているという点で、私はあえて楽観的な見方をとるわけだが、それでも「警戒感」とまではいかなくとも、そこに不安が残ることは否めない。戦略の理論というのは、この「いつまでも残る危機」に対処できるようなものではなさそうだが、それはまさに核兵器が**目的・手段・方策**という論理的にまとまった概念に対して、大きな挑戦を突きつけているという事実による。長年にわたって核戦略（というか、少なくともその知識面）の分野においていくらかの貢献をしてきた立場の人間として、私はこのような見方には不満が残る。それでも私の立場から述べなければならないのは「戦略理論は莫大な利点を持つものだが、もし核兵器が実際の戦争に使われるようなことになれば、その意味をなさなくなる」ということだ。

本書の前半で私は、紛争や戦争というのは、すべての人の予測を裏切る、ほぼ有機的とも言える質を持つことが多いと示唆した。これが意味するのは、エスカレーションの危険によって暴力が質的にも規模的にも極端でカオス的なものとなる可能性がある、ということだ。未来には無限の可能性が残されており、戦略の未来を考える上で、われわれはまずこの事実を認識する必要がある。大規模な核の事案を安心してコントロールできない原因は、戦略の欠陥にあるわけではない。私は大規模な核兵器の使用を、（戦略的）手段、（軍事的）方策、という戦略論理の一貫性を確実に脅かすような例として挙げたわけだが、それでもこれは戦略史の中によく見られる現象に比べれば、かなり極端な例である。とりわけ戦時に入ったときの戦争遂行のための政体の極端な支出額の増加は、自身の（政策）目的を破壊してしまう可能性が一気に高まるのだ。第一次世界大戦は、その遂行があまりにも疲弊（ひへい）をもたらすものであったことを示す、一つの例だ。そもそも戦争というのは、政体が掲げる目的に向かって進むために行われるものであるが、それと同じくらい、もしくはそれ以上に、戦争はそれ自身の目的のために行われるとも言える。実際のところ、いくつかの大きな政体は戦争によって消滅しているほどなのだ！

核兵器は、われわれの未来を壊滅させる危険性を潜在的に持ちながらも、国際秩序の構造や機能において根本的な存在として残り続けるはずであり、流動的な勢力均衡を安定させる力になるだろう。ただし核兵器が実際に使われてしまうと、「戦略史」という概念そのものが復活できない状態にまで人類は追い込まれることになる。あいにくだが、核の脅威に対する信頼に足る解決法は、戦略史の将来においては期待することはできない。(8) 私がここでとくにみなさんに伝えたいのは、戦略史には予測されるような「終わり」はない、ということだ。もちろん、中には このような漠然とした主張さえなかなか受け入れられない人もいるのだが。

注

(1) Christopher Coker, *Can War be Eliminated?* (Cambridge: Polity, 2014)

(2) 以下を参照のこと。Colin S. Gray, 'Why Strategy is Difficult', in Thomas G. Mahnken and Joseph A. Maiolo, eds., *Strategic Studies: A Reader* (Abingdon: Routledge, 2008), 391-7; and Gray, *The Strategy Bridge: Theory for Practice* (Oxford: Oxford University Press, 2010), ch. 4.

(3) 以下の三冊はとりわけ有益なものだ。Richard Rhodes, *The Making of the Atomic Bomb* (New York: Touchstone Books, 1986); Gerard J. DeGroot, *The Bomb: A Life* (London: Jonathan Cape, 2004); and Jeremy Bernstein, *Nuclear Weapons: What You Need to Know* (Cambridge: Cambridge University Press, 2008).

(4) やや奇妙な知識として、またはエンターテイメントとして、以下の文献を読んで考えることも必要であろう。Herman Kahn, *On Escalation: Metaphors and Scenarios* (New York: Praeger, 1965).

(5) 私はこのような疑念を以下の文献の中で詳細に論じている。C. S. Gray, *House of Cards: Why Arms Control Must Fail* (Ithaca, NY: Cornell University Press, 1992). 一九九二年から二〇一四年までの軍備管理の歴史を見ても、私は自分のこの強い疑念を修正する気にはならない。

(6) 学者たちは「起こっていないこと」がまったく証拠とならないと言われることに不快感を感じるものだ。

言い換えれば、証拠がないということは、因果律とは関係ないということになる。このような明らかにきらびやかな洞察は、抑止の効果を発揮させようとするスキームを信じたいと考える戦略家たちにとって、やや恥ずべきことになる。実際のところ、われわれは一体何が平和の原因となったのかをわかってない。ネガティブな証拠に関しての興味深い研究としては、以下の文献を参照のこと。Nassim Nicholas Taleb, *The Black Swan: The Impact of the Highly Improbable* (New York: Random House, 2010) [ナシーム・ニコラス・タレブ著、望月衛訳『ブラック・スワン――不確実性とリスクの本質』上下巻、ダイヤモンド社、二〇〇九年].

(7) 以下を参照のこと。Lawrence Freedman, *The Evolution of Nuclear Strategy*, 3rd edn (Basingstoke: Palgrave Macmillan, 2003); and Michael Quinlan, *Thinking About Nuclear Weapons: Principles, Problems, Prospects* (Oxford: Oxford University Press, 2009).

(8) 「核兵器の数の削減は国際秩序にとって有益である」という理論についての時節を得た批評については、以下の文献を参照のこと。Keith B. Payne (Study Director), *Minimum Deterrence: Examining the Evidence* (Fairfax, VA: National Institute Press, 2013).

まとめ　自信をもって「知っている」と答えられることは？

本書は奇妙な本に見えるかもしれない。なぜならここでは、未来における戦略について、確信をもって知ることが可能なものは一体何なのかを探っているからだ。私は最近刊行したある著書の中で、われわれの未来についての知識と、われわれの驚くべき無知の間の、皮肉なバランスを説明しようとした。[1]戦略の未来について「知っていること」と「知らないこと」の非対称的な関係は、たしかに皮肉なものとして分類できそうだ。まさに未来についての知識こそが、自信をもって将来を予期するのを可能にさせてくれるからだ。

その一方で、われわれは二一世紀での戦略的な意味を持った行為として、誰によって、いつ、何が、そしてどのように行われるのかを知ることはできないし、さらには十分に予測することもできない。それでもわれわれには、戦略において何が行われ、何が行われようとしたのかについての、かなり不安定ながらも使用可能な、二五〇〇年間にわたる歴史の記録は残されているのだ！　もちろん過去の成功したり失敗した行為についての歴史知識は、われわれが未来に直面する事態について十分信頼できるような導きを与えてくれるわけではない。それでもこのような記録は、国家のような「安全保障コミュニティー」が選択する、ある種の行動によって生じた結果を示す「証拠」として、参考になるものであるし、参考にすべきものだ。これは必然的に、以下のような結論を導き出すことになる。それはつまり、われわれが誰が、何を、いつ、どこで、どのように、そして誰に対して挑戦しようとするのかをあらかじめ知ることはないし、知ることもできないわけだが、それでもどのような戦略的行動が未来に起こりやすそうなのかを予期できるようにしておくべきだ。

野心を控え目に保つのはつねに賢明なことだが、その理由は、戦略では将来的にわれわれが備えるべき、状況についての理解が必要になるからだ。核戦略についてはまだ議論が続いているが、核兵器が使用される可能性に対して一般的に警戒心が存在することが意味しているのは、われわれはその可能性に対して――実際はその可能性を低めるように――準備しなければならない、ということだ。戦略の選択肢をコントロールする際、戦略理論というのは、大規模な核戦争で数々の破滅的な状況が起こる不安感を乗り越えるために有用であるべきものだ。われわれはすでに核兵器を手に入れてしまったのであり、人間が政治を行う上では、つねに戦略が積極的に必要とされるのである。つまりわれわれは、おそらく永遠に、戦略の論理の機能を阻止するようなレベルの「核の脅威」にさらされ続けるのである。(2)

限定的な核戦争の遂行の理論というのはそもそもあまり説得力を持たないものだが、それでもそれは、われわれがこれまで決して体験したことのない、二国間で行われる核戦争での軍事的な現実に対処していくための、唯一の助けとなるものだ。われわれが知っているのは、「核が使われる可能性」が戦略の一体性を独特な形で妨げるとしても、そのことをあらゆる戦略的な現象を否定するための議論として使うのは賢明とは言えないということだ。核戦争の制御の必要性はたしかに致命的に重要なものだが、それでもそれが戦略のすべてではない。われわれが「核が使用されれば破壊的な状況は避けられない」という事実を知っていたとしても、これが戦略理論に対して批判的になるべき理由として十分なものであることにはならないからである。

戦略家たちは核が使用されて戦略の機能が停止するのを阻止するために、あらゆる努力をするのかもしれないが、これは制御不能の核戦争が、戦略のアイディアや実践そのものを台無しにする可能性があるからだ。ところがそのような戦争によって世界が破滅に向かって突進するのを止める方策をめぐるクリエイティブな思考を、早々と終わらせてはならない。

私はここで戦略の未来を全般的に説明するため、四つの主張を提示してみたい。

1

戦略の必要性というのは、変化しづらい人間の本性から生じるものである。この必要性は、現在でも続いている。もちろんこれは無視したり軽視したりすることのできるものであり、逆にこれが戦略のパフォーマンスを大きく落とすことにもつながる。ところがこの必要性そのものを消滅させることはできない。戦略のメカニズムの妥当性についてカギとなる議論を形成していることの相互依存的な概念（人間の本性と戦略の必要性）は、そもそも不可避なものだ。そして、（政治的な）**目的**、（戦略的）**方策**、（軍事的）**手段**の重要性というのは、決して避けられないものであり、これらは「文化」と呼ぶべきものから発生する「前提」によって大きな影響を受けている。

戦略の選択肢についての決断や、それについての議論における細かい話は、その現象についての明快な理解を曇らせてしまう可能性がある。たしかに戦略について書かれた文献はあまりにも少なく、しかも公の場で戦略についての議論はまったく存在しない。それでも戦略についての議論がアマチュアの人々にとって理解しがたいものであって良いはずはない。実際のところ、戦略理論の基本的な全体の構造は、いたってシンプルだ。結局のところ、それらは以下のような基本的な相互依存的な要点をわれわれがどこまで理解できるかにかかっている。

——（政治的な）「**目的**」とは、その試みが目指すもの。

——（戦略的な）「**方策**」とは、（政治的な）目的を達成するために選ばれ、規定されるもの。

——（軍事的な）「**手段**」とは、必要な戦略的価値とともに、作戦面での結果を得るために使われるべき戦術的な作因（エージェント）のこと。

——「**前提**」とは、将来の行動を考える際につねに決定的に重要なもの。その理由は、将来の行動の結果についての信頼に足る証拠が、戦略が選ばれた時点では絶対的に欠けているからである。

　ここで紹介して説明した四つのアイディアについての構造・概念的な優位は、議論するまでもないほど明白なものだ。そしてこれら四つのアイディアの間の相互依存状態の度合いは、まさに圧倒的なものである。

2

戦略の必要性は人間の本性に由来するものだが、これは「政治的なものである」という認識とともに理解されるべきものだ。あまり説得力はないが、何人かの歴史家たちは、戦略についての理解というものが歴史的にも比較的新しいものであり、一七七〇年代までしかさかのぼることができないと論じてきた。そもそも戦略というのは、物質的なものというよりは、一つの概念であるため、多くの人々はそれが本当に意味していることを理解するのに難しさを感じてきた(3)。また、戦略という概念は、あらゆる人々に使われ、しかも軍事とは関係のない分野にも使えるという有益性があったために、「戦略的」とされる行動や、さらにはその対象までが、ほぼ際限なく使われるようになってしまった。

　戦略というアイディアの核心にあるのは、なんらかの「質」や「量」ではなくて、そこから生まれる「帰結」に関することだ。たとえば歴史家がライン河下流にかかるアルンヘムの戦略的に重要な橋について語るとき、彼らの狙いは、一九四四年九月の時点における西部戦線で、ドイツの部隊を完敗に追い込むために連合国側が越えなければならない主要河川を渡る橋がほとんど破壊されていた状況における、その橋の重要性に焦点を当てることにある。このようにわれわれが計画的行動において特定の物的対象を「戦略的」なものとしてとらえる場合、それはただ単にそれを達成できたことによって得られる（と考えられる）成果の重要性を示していることになる。

戦略的な重要性というのは、概して出来事の流れによって決まるものであり、人工的もしくは自然の地理的条件などにはじめから備わっているわけではない。たとえば一九一四年、そして再び一九一七年には、小さなイープルという街の北側の低い稜線に位置するパッシェンデールという村が、第一次世界大戦において戦略的な重要性を持つことになった。イープルの確保は、英国海外派遣軍（ＢＥＦ）にとってフランドル地方とイギリスの間を結ぶ兵站上の生命線を維持する上で致命的となる、英仏海峡の港の安全にとって重要だった。連合国側がイープルを占拠できていれば、低地諸国を鉄道で通過するドイツ側の兵站線に対して、一時的にやむことはあっても、つねに継続的な形で脅威を与えられたからだ。

地理的な場所というのは、それが自然か人工のものかに関係なく、綿密な研究よりも、むしろ紛争の状況によって戦略的な意味合いが変わってくるものだ。第二次世界大戦における一九四二年のドイツ軍によるクリミア半島のセヴァストポリの占領や、一九四二年から四三年初頭にかけてのヴォルガ川近くのスターリングラードの保持は、たしかに両方ともかなり重要であったことは間違いないのだが、それ以上に、その場所が持つ政治的な意味合いのおかげで、おそらくその重要度を増していたといえる。

もちろん戦略の構造的なメカニズムは、目的・方策・手段としてとらえるべき「人間の本性」によって生み出されたものであるが、脅威と行動に関する戦略的な意味づけは、大枠としては選択的なものである。戦略は政治に役立つべきものであり、つねに政治的な帰結を生じさせなければならないものだ。ところがその選択や実行の理屈づけというのはそもそも批判を招くものであるし、実際にそうなることが多い。

戦略の根本的な抽象理論は、単に（政治的な）**目的**と（軍事的な）**方策**、そして**手段**を連携させる必要性を系統立て教えるだけだが、そのような論理面での相互依存的関係を把握できたとしても、計画作成やその後の実行における成功を保証するものではない。戦略理論の中でもとくに簡素で一般的なものは、戦略的に考える必要のある人々の教育に役立つものだ。ところがこのような理論によって、「戦略的」な決断がしっかりと醸成されたり、その決断が慎重に行動に移されるということにはならないし、それを確実にしてくれるわけでもない。

戦略に関して国民の合意ができていないと、そもそも戦略の概念そのものに疑問を持つことさえ無意味となってしまう。なぜなら合意がないと、戦略のアイディアそのものが、政治的なプロセスの中で行動したり、そのプロセスを通じて振る舞う個人や集団というきわめて人間的な存在によって決着がつけられる議論の中身に対して、まったく応用できないことになるからだ。もちろん他にも対処しなければならない細かいこととして、リスクを減少させるための努力や兵站の提供などが挙げられるのだが、あらゆる戦略的なプロジェクトというのは、その規模の大小にかかわらず、政治側の事情によって形成され、突き動かされ、最終的には戦略的に判断されるものだ。

3

戦略の本質(ネイチャー)ではなく、その様相(キャラクター)こそが、認識された要件の状況とともに変化する。戦略について書かれたほとんどの文献は、「戦略そのものは新たに登場してきた状況や問題に対応するために変化する」という誤った考えによる非生産的な影響を受けている。また「革命」という概念も、変化の重要性を理解させるために頻繁に使われている。ただし、変化と継続についての世間一般で広く見られる混乱は、戦略の様相とその本質の間にある根本的な違いを、一度でも認識できれば容易に解決するものだ。

戦略の一般理論は変化しないが、目の前の現状に対応したり文化を越えて伝わる際に、細かい点は、当然のように変化する。私がこの「変化と継続性」についての定義を慎重にするよう主張する最大の理由は、目の前の必要性に対処する中で、一般理論の永続的な真実を見失っていただきたくないからだ。政策を追求するための行動は、つねに戦略によって導かれることを必要としているものだ。政治目的には実にさまざまなものがあるわけだが、これは特定の状況に対応するために特化された軍事行動によって対処されることになる。

ところが戦略史の流れというのは「戦略の論理(ロジック)」の、ほぼ自動的で段階的に進む変化に対応するものではないし、そもそも対応できるものではない。**目的**、**方策**、**手段**の関係性というのは、文化、テクノロジー、そして社会によって変わるのだが、その根本的な相互依存性というのは目の前の現実に対応すべきときでも変わらない。たとえば第二次世界大戦初期に参戦国たちはそれぞれ戦争に対してリアルタイムで対応するという、普遍的な学習段階の中で競争力を得るために、さまざまな軍事力を試して大幅な順応や調整を必要としていた。ここで最も重要なのは、戦略思想とその実践というのは、時間、場所、そして状況に最も適切な、軍事面での細かい方策として実現させなければならないにもかかわらず、それがまったく変化しないという点だ。

歴史学者たちは「社会科学の学者たちは自分の議論を支持するような歴史的なエピソードばかりを引用し、しかも時代錯誤な形で盗用している」と批判することがあるが、これはたしかに正しい部分はある。しかし同時に、はるか過去の細かい出来事をよく理解することが、その当時に下された決定の背後にあった思考プロセスの誤解に必ずしもつながるわけでもない。もし古代の人間——もっと最近の人間でもかまわないが——が、その当時に直面していた問題に対して、政治的、軍事的、そしてその他の状況の中で、**目的**、**方策**、**手段**という互換性のある相互依存性をめぐって適切な答えを出さなければならなくなった場合、われわれはその人物が「戦略的な機能を果たした」と指摘できるのである。もちろん現代においては、この三つの概念に当てはまる状況はその当時とは異なってくるはずだが、理論そのものの一貫性は損なわれるわけではない。また、その当時の人々が、自分たちの生きていた世界に対してどのような「**前提**」を持っていようとも、この理論の権威にはまったく影響を与えない。なぜならそこで重要なのは、相互依存的な三つの概念の働きだけであり、その当時の歴史的な事象の細かい部分ではないからだ。歴史家たちはこの議論をなかなか理解できないようである。(4)

私が実質的に主張しているのは、古代の思考や実践が示しているのは、その当時からの変化であると同時に、現代までの継続性であるということだ。われわれ人間というのは「戦略的に考えて行動する存在である」と理解されるべきものであり、それはわれわれがグラディウスという刀剣や、ピルムという投槍、もしくはミサイルを搭載した無人航空機（ドローン）で武装しようと、本質的な違いはないのだ。戦略は戦略であり、それは戦術面での変化、さらにはその革命が起こっても変わらない。したがって戦略というのは、政治からの要求によってつねに変化にさらされるわけだが、「時代を経ても本質の変わらない、永続性のある政治的な機能」として理解する必要がある。

4

戦略からの要求や、臨時的に発生するジレンマによって発生する問題については、最終的な解決法は存在しない。戦略はどれだけ努力しても、決定的に改善できるものではないし、その存在を消滅させることもできない。そしてこの現実は、われわれがいかに必死に努力したとしても無駄である。戦略の未来は、偉大で終わらない（ことを願うが）「時の流れ」の中に存在するものとしてとらえ、理解されるべきものだ。われわれの記録の中にはその歴史の始まりは見つけられないし、核問題をこじらせた結果として物理的にも政治的にも自らの存在を破滅させない限り、将来においてもその終わりは見えないものであろう。ホモ・サピエンスにとって致命的だと思えるその他の脅威としては、敵対的な意図を持ったエイリアンや彗星衝突、さらには劇的な気候変動などがあるだろうが、本書を書いている時点では、われわれ自身が作り出した永続的な脅威として挙げられるのは核兵器だけであろう。

われわれの教育システムや政治システムは、「終わりなき戦略的な未来の可能性に対して知的に対処するのが難しい時代」にいかに対処するのかを念頭として作られたものだ。もし読者のみなさんが人間の政治状況について書かれた本について詳しく読んでいけば、その著者たちは自分たちの主張を「政治組織の方向性を示す暗黙の前提」だけを元にして議論していることが多いことがおわかりいただけるだろう。現代とは劇的に異なる空想的な未来の姿というのは、たしかに容易に考えられるものであるが、本気で未来を考えるのであれば、そのような空想をわざわざ本にする価値はない。未来というのはあまりにも不確実なものであり、われわれの持つ有限な時間やリソースをわざわざ注ぎ込んで調べるだけの価値はほとんどないからだ。

もちろん人間が関与する政治的コミュニティーの安全保障環境の将来には、戦略が必要となってくるのは確実だ。これは人類始まって以来、今日に至るまで正しかったのであり、これが将来変化する理由は存在しない。もちろん本当に新しい危機である核戦争という大災害が起これば別であろうが、そのような可能性を念頭においたとしても、人類はあいかわらず政治的、そして戦略的に動くはずであり、これは現在まで七〇年ほど続いた核の危険を経ても変わっていないことをわれわれは認識すべきだ。劇的な政治・文化面での変化が必須であることをいくら説得力をもって論じることができても、それが「真に核兵器が消滅した後の世界」という望ましい状況につながるとは考えづらいのである。

■戦略と「時の偉大な流れ」

全体的な視点から見れば、われわれは人類の行く末における戦略の未来について、悲観的になるべきであろうか、それとも楽観的であるべきなのだろうか？ 「合理的な戦略の制御を越えた核戦争が発生する」厳しい可能性が、新しい二一世紀を損ない、われわれの歴史に終わりをもたらすことになると思うと気が滅入るのは無理もないことだ。われわれは核戦争による「人類の終わり」という危険を制御できるはずだと考えているが、それでもまだ油断はできない。

この短い本書の中で、私は警戒すべき理由を三つ指摘して議論してきた。それらは（1）人間の本性と、変化しない動機の発生源、（2）安全保障コミュニティーにおける政治構造、（3）戦略的思考や行動が不可避に求められる状況、である。人類の歴史につねにつきまとってきたこれらの三つの条件は、まずは圧倒的な証拠を持った永続的な事実として理解されるべきものであり、何か高尚で抽象的な理論の話ではなく、人類のあらゆる行動の歴史に刻まれ続けているものだ。それらは決して過去の伝承から、われわれが主に関心を持っている「未来」に向かう中で失われていくものではない。

「戦略の未来は確実に存在する」という主張は、わざわざ積極的な議論を必要としないほど自明なものだが、その理由は、それがつねに必要とされていることを明白に示すことができるからだ。われわれはわざわざ「世界」というものを、自らの望む**目的**や、それらを獲得するための**方策**や**手段**という観点から見るように教えられる必要はない。単にそれ以外のアプローチが考えられないからだ。ところが歴史的にも見られる最大の難問は、ある政策上の難問に対してどのようにアプローチすれば最適なのかを理解することにあるわけではなく、むしろその政策の選択そのものや、どの軍事的手段をどのような方策で使えば、耐えられる社会的なコストの範囲内で成功させることができるのかを、目の前の問題に直面したときに知る、というか（たいていの場合は）推察する、という永続的な問題なのだ。

賢明な戦略のパフォーマンスが必要とされる状況は確実に永続する（といってもすでに述べたように核戦争がなければの話だが）としても、われわれは「社会・政治面での指導者たちが、長期的な将来を考えて行動しているように見えない」という事実を無視することができない。時の偉大な流れというのは、たしかに強力な概念であるが、圧倒的な権威を持っているわけではない(5)。政治家も有権者も、ともにはるか先、もしくは単なる予定の入っていないカレンダーよりも先の未来を見越して考えているわけではない。

「未来」というのは、われわれが理解できない領域についての概念であるが、それについてのいくつかの優れた理由は存在する。「当たり前のことをあえて論じる」というリスクを承知であえて言わせていただければ、「未来」というのは、その定義からしても「決してやってこないもの」であり、これを——真剣に——理解することが重要だ。われわれは現在にしか生きることができない。「偉大な時の流れ」という概念は、われわれを見誤らせる可能性を持ったものであると同時に、有益な歴史的文脈を提供してくれるものだ。中でも「変化の中の継続」や「継続の中の変化」という偉大なアイディアを把握する必要性をうまく理解するのは、それほど容易なことではない。戦略に未来があるのは明らかだが、人類がその未来を確実なものにするために、大量破壊兵器に関して必要な注意を払いながら政治的に行動することができるのかについては、不確実性が残るからである。

「偉大な時の流れ」という概念は、過去に対する健全な敬意を促すものだ。なぜならそれは、「未来」が、移ろいやすい「今日」に生み出されつつも、実際はそのほとんどが「昨日」から継承された材料によって作られるという理解を促進する暗喩（メタファー）となっているからだ。カール・マルクスが警告したように、われわれは未来の人々が知る歴史を継続的に作り続けているのかもしれないのに、「昨日」と「今日」によって提供された材料によって作り続けているとして非難されるのである。(6)

未来における戦略というのは、「いま必要だ」と感じられることに対処するために生み出されて応用されることになる。ところがこの戦略は、機能面でも目的の面でも、過去や現在の戦略とほぼ似たようなものとなるはずだ。戦略史は、つねに、そしてあらゆる状況の中で作られ続けてきた。人間の社会的営（いとな）みにおいては、戦略的なテーマがなかったり、ツキュディデスの指摘した恐怖、名誉、利益という三位一体的な動機が消滅したり、政治という便利な道具がなくなるということは考えられない。したがって、われわれは戦略の未来、政治の必要性、そして人間の動機の継続性というものを、一つの全体としてとらえ、それぞれを互いに引き離せないものとしてとらえるべきであろう。「時の流れ」という概念は、この議論について最も適切な暗喩的文脈を与えている。

国政術と戦略における大きな問題の一つは、移ろいやすい今日において、どれだけ賞味期間が続くかわからないものを提案することの難しさだ。中・長期的な未来を、短期的な優位の獲得のために投げ出すような状況というのは、もしかすると永遠に続くのかもしれない。戦略は変わらず残る！　われわれの歴史の中に見られる変化と継続という終わりなき二極的なメカニズムが示しているのは、戦略において決して消滅することのない大事な役割が、潜在的に致命的となる危険をいかに管理するかという点にあるということだ。戦略は、今日の危機においてわれわれの生き残りをギリギリでもなんとか確保できて、しかも明日の危機の数々に、戦略的に（可能であれば）対応できるだけのものであれば良いだけだ。

注

（1）Colin S. Gray, *Strategy and Defence Planning: Meeting the Challenge of Uncertainty* (Oxford: Oxford University Press, 2014).

(2) この点については以下の文献で論証している。Gray, *Modern Strategy* (Oxford: Oxford University Press, 1999), chs. 11-12［コリン・グレイ著、奥山真司訳『現代の戦略』中央公論新社、二〇一五年、第一一章～一二章］.

(3) 戦略についての優れた研究書というのは数が少ないが、最近出版された以下の二冊の著書は注目に値する。Thomas M. Kane, *Strategy: Key Thinkers: A Critical Engagement* (Cambridge: Polity, 2013); and Williamson Murray and Richard Hart Sinnreich, eds., *Successful Strategies: Triumphing in War and Peace from Antiquity to the Present* (Cambridge: Cambridge University Press, 2014).

(4) この論点について、私はすでに以下の文献でも論説している。Gray, *Strategy and Defence Planning*.

(5) 以下の古典的な研究を参照のこと。Richard E. Neustadt and Ernest R. May, *Thinking in Time: The Uses of History for Decision Makers* (New York: Free Press, 1986), esp. ch. 14.

(6) そのマルクスの軽蔑的な言葉は以下の通り。「死せるすべての世代の伝統が悪魔のように生ける者の頭脳をおさえつけている」: Marx, *The Eighteenth Brumaire of Louis Napoleon* [1852], in Karl Marx and Friedrich Engels, *Selected Works in Two Volumes*, Vol. I (Moscow: Foreign Languages Publishing House, 1962), 247［マルクス著、伊藤新一ほか訳『ルイ・ボナパルトのブリュメール十八日』岩波書店、一九九八年、一七頁］.

訳者による参考文献の紹介

原著者であるコリン・グレイは、本書の原書の巻末に「戦略論のための参考文献」として一七冊[1]を挙げているが、それらのうち邦訳が出ているものは少なく、さらに研究してみたいという日本の読者のためには参考にならない恐れがあるため、編集者と相談した結果、訳者である奥山が、独自に日本語で書かれた本と翻訳だけに限定した形で、戦略論の理解のために参考となる本を何冊か挙げて、それぞれ簡単に解説してみたい。

まず本書の中で原著者であるグレイが述べているように「戦略の一般理論」、つまり「戦略」の理論そのものの問題について正面から論じたものは、その数がきわめて限られている。ただし近年は何冊が邦訳が出てきたおかげで、その全般的な理解の下地は徐々に整いつつあるように思える。ここではまず四冊だけ挙げてみたい。

コリン・グレイ著、奥山真司訳『現代の戦略』中央公論新社、二〇一五年

原著は一九九九年刊行なのですでに時間は経っているが、グレイが核戦略家としてデビューしてからあたためてきた「新クラウゼヴィッツ主義者」としての立場を明確にしながら、その考えをベースにして戦略の一般理論の構築に望んだ意欲作である。戦略研究の教科書としても使われるが、やや分厚いのと文章が回りくどいのが弱点か。

エドワード・ルトワック著、武田康裕・塚本勝也訳『エドワード・ルトワックの戦略論』毎日新聞社出版、二〇一四年

グレイと同年代の戦略家／軍事コンサルタントによる主著。グレイと異なり、その理論は独自の「逆説的論理（パラドキシカル・ロジック）」をベースにしていて、彼我のアクションとリアクションによるダイナミックな関係性と、戦略の階層性に注目している点に大きな特徴がある。同じく戦略研究の教科書として使われ、豊富な戦史の例が目を引くが、やはり文章の難解さに難あり。

J・C・ワイリー著、奥山真司訳『戦略論の原点』芙蓉書房出版、二〇一〇年

グレイに戦略の一般理論化を志させることになった本の一冊。元米海軍士官の手による六〇年代後半に書かれた非常にコンパクトな「一般理論」を試みた本。主にリデル・ハートの影響を受けつつも、最終的に独自の戦略の一般理論を「四つの前提」に落とし込んでいる点は注目。他にも累積・順次などのアプローチの違いを指摘するなど興味深い。

野中郁次郎ほか編著『戦略の本質――戦史に学ぶ逆転のリーダーシップ』日本経済新聞社、二〇〇五年

同著者たちは何と言ってもベストセラーである『失敗の本質』で有名であるが、本書はそのアンチテーゼとして出されたもの。あまり注目されていないのが残念だが、戦略とはそもそも何かという一般理論の構築に値するような試みを日本の学者が行っており、ユニークな研究である。豊富な歴史的例を検証しつつ、いくつかの原則をまとめたものとして提案している点もきわめて有益であろう。

以上、グレイの説く「あらゆる戦略の歴史に共通する戦略の一般理論」に近い試みを行っている著作として、日本語で入手できる代表的なものを挙げてみたが、より全般的な「戦略研究」(strategic studies) の教科書的な扱いを受けている翻訳や抄訳については、以下のものを参考にしていただきたい。

ウィリアムソン・マーレー、リチャード・ハート・シンレイチ編、今村伸哉ほか訳『歴史と戦略の本質――歴史の英知に学ぶ軍事文化』上下巻、原書房、二〇一一年

ウィリアムソン・マーレー、マクレガー・ノックス、アルヴィン・バーンスタイン編、石津朋之・永末聡監訳『戦略の形成——支配者、国家、戦争』上下巻、中央公論新社、二〇〇七年
ピーター・パレット編、防衛大学校「戦争・戦略の変遷」研究会訳『現代戦略思想の系譜——マキャベリから核時代まで』ダイヤモンド社、一九八九年
エドワード・ミード・アール編、山田積昭・石塚栄・伊藤博邦訳『新戦略の創始者——マキアヴェリからヒトラーまで』上下巻、原書房、二〇一一年
ジョン・ベイリス、ジェームス・ウィルツ、コリン・グレイ編、石津朋之監訳『戦略論——現代世界の軍事と戦争』勁草書房、二〇一二年

当然ではあるが、英語圏では本邦未訳のグレイの著作のほかにも、戦略の一般理論についてはロンドン大学キングス・カレッジの名誉教授であるローレンス・フリードマンをはじめとする著者たちによって、細々と研究が進められている。英語に自信のある方はぜひ積極的に挑戦していただきたい。

注

（1） Clausewitz, *On War*, trans. Michael Howard and Peter Paret（1832–4; Princeton: Princeton University Press, 1976）［カール・フォン・クラウゼヴィッツ著、清水多吉訳『戦争論』上下巻、中央公論新社、二〇〇一年］; Sun Tzu, *The Art of War*, trans. Samuel B. Griffith（Oxford: Clarendon Press, 1963）［サミュエル・ブレア・グリフィス著、漆嶋稔訳『孫子――戦争の技術』日経ＢＰ社、二〇一四年］; Thucydides, *The Landmark Thucydides: A Comprehensive Guide to 'The Peloponnesian War,'* ed. Robert B. Strassler, rev. trans. Richard Crawley（c. 455–400 BC; New York: The Free Press, 1996）［トゥーキュディデース著、久保正彰訳『戦史』上中下巻、岩波書店、一九六六～一九六七年］; Edward N. Luttwak, *Strategy: The Logic of War and Peace*, rev. edn（Cambridge, MA: Belknap Press of Harvard University Press, 2001）［エドワード・ルトワック著、武田康裕・塚本勝也訳『エドワード・ルトワックの戦略論』毎日新聞社出版、二〇一四年］; J. C. Wylie, *Military Strategy: A General Theory of Power Control*（1967; Annapolis, MD: Naval Institute Press, 1989）［J・C・ワイリー著、奥山真司訳『戦略論の原点』芙蓉書房出版、二〇一〇年］; Beatrice Heuser, *The Evolution of Strategy: Thinking War from Antiquity to the Present*（Cambridge: Cambridge University Press, 2010）; Bernard Brodie, *War and Politics*（New York: Macmillan, 1973）; Colin S. Gray, *The Strategy Bridge: Theory for Practice*（Oxford: Oxford University Press, 2010）; Colin S. Gray, *Perspectives on Strategy*（Oxford: Oxford University Press, 2013）; Colin S. Gray, *Strategy and Defence Planning: Meeting the Challenge of Uncertainty*（Oxford: Oxford University Press, 2014）; Thomas M. Kane, *Strategy: Key Thinkers*（Cambridge: Polity, 2013）; Murray, Mac-Gregor Knox and Alvin Bernstein, eds., *The Making of Strategy: Rulers, States, and War*（Cambridge: Cambridge University Press, 1994）［ウィリアムソン・マーレー、マクレガー・ノックス、アルヴィン・バーンスタイン編、石津朋之・永末聡監訳『戦略の形成――支配者、国家、戦争』上下巻、中央公論新社、二〇〇七年］; Murray and Richard Hart Sinnreich, eds., *Successful Strategies: Triumphing in*

War and Peace from Antiquity to the Present (Cambridge: Cambridge University Press, 2014); Sir Michael Howard, *The Causes of Wars and Other Essays* (London: Counterpoint, 1984); Howard, *The Lessons of History* (New Haven, CT: Yale University Press, 1991); Christopher Coker, *Can War be Eliminated?* (Cambridge: Polity, 2014); Aleksandr A. Svechin, *Strategy*, 2nd edn. (1927; Minneapolis, MIN: East View Information Services, 1992).

訳者あとがき

「戦略」というのは時代と場所を越えて普遍的なものである……このような立場から英米の戦略論をリードしてきたのが、本書の著者のコリン・グレイ（Colin S. Gray）であり、その議論を簡潔な一般理論の形としてまとめたのが、本書『戦略の未来』（*Modern Strategy: The Future of Strategy*, Polity: 2015）である。イギリスとアメリカの二重国籍を持つグレイは、現在イギリスのレディング大学の名誉教授であり、八〇年代にはアメリカ政府に戦略アドバイスを行った経験を持ち、主に核戦略の理論家として名を馳せた人物だ。本稿ではこの戦略の理論家であり、実践家としてのグレイの経歴などを紹介しながら、本書の簡単な解説を行っていきたい。

グレイの経歴

コリン・グレイは、一九四三年にイギリスのエンジニアの家庭に生まれた。幼少のころからヨーロッパの戦史に興味を持っていたが、経済学を専攻していたマンチェスター大学在学中にソ連専門家のジョン・エリクソンによって国際政治の分野に開眼し、オックスフォード大学に進んで「アイゼンハワー政権の対外政策」というテーマで博士号を取得している。イギリスやカナダの大学で教えた後に、ハーマン・カーン（Herman Kahn）が新しく設立したニューヨークのハドソン研究所で、安全保障関連の研究員として戦略家のキャリアをスタートさせた。

戦略を実践的に活用するという信念から、グレイは積極的な政策アドバイスも行っており、自らシンクタンクをワシントンで二つ設立したほか、一九八一年から共和党レーガン政権下の軍備管理軍縮局で戦略アドバイザーを五年間務め、このときは主にソ連の核戦略について分析を行ったり意見を進言していた。その後も二重国籍保持者という立場を活かしながら米英両政府の公式・非公式アドバイザーを続け、一九九〇年代半ばには祖国であるイギリスに戻って北東部のハル大学の教授となり、二〇〇〇年からは南部のレディング大学に移って教鞭をとり、二〇一四年の九月に退職して名誉教授となっている。

グレイは本書のほかにすでに二〇冊を越える単行本や十数本の政府向けの報告書、そして数百本にも及ぶ論文や記事を書いており、かなりの多作家であると言える。日本ではそれらの著作のいくつかが紹介されているほかには[1]、翻訳されたものとしては一九八〇年代に地政学について書かれた小論文（モノグラフ）が一冊[2]、いくつかの論文[3]、そして拙訳で『戦略の格言』[4]と主著である『現代の戦略』[5]が出版されている。興味のある方は、ぜひそちらも合わせてお読みいただきたい。

主著は『現代の戦略』だが、その他にも戦略研究の教科書の編集に関わったものや[6]、個別の戦略問題を戦略の思想から論じたものが多い。学界の議論に登場した当時は、冷戦構造下における核ミサイルの配備に関する問題を含む「軍拡競争」(arms race)の分野で積極的な発言を行っていたが[7]、とくに専門の核戦略論では、「アメリカは核兵器を持っているわけだから、それを使ってソ連に勝利する理論を考えておかなければならない」とする、いわゆる「核戦争闘士」(nuclear war fighter)の立場を表明して、学界で大議論を巻き起こした[8]。

ほかにも戦略文化、航空戦略、シーパワー論、スペースパワー論、特殊部隊論、そして地政学などの分野についても積極的に論じており、それぞれの分野で著名な論文を残している。ところが冷戦の終了する前後の九〇年代からは、本書でいうところの「諸戦略」(strategies)ではなく、より普遍的な「戦略」(strategy)そのものについての理論にも強い関心を示しており、自身でも「主著」と認める『現代の戦略』は、そのような九〇年代の研究の一つの到達点となっている。そして本書は、その後に展開してきた一般理論に関する議論のエッセンスを凝縮した内容となっている。

『戦略の未来』の概要

本書は、戦略という概念がどのようなものであり、これが将来にわたってどのような有用性を持つものかを説明するものだ。原著の本文は一二〇頁弱という短かさであるにもかかわらず、その扱っているテーマがきわめて複雑な現象であり、しかもグレイの独特のレトリックの使い方もあって、あいにくだが気軽にスラスラと読めるような内容ではない。そういう意味から、読者のみなさんにおいては読み進める上でまず本書の全体像を把握しておくことが重要であろう。

第1章では、戦略を考える上で最も重要となる、その上位概念である「政治」の優位が、徹底的に主張される。もちろん戦略における政治の優位を主張して有名になった戦略思想家としては一九世紀プロイセンの軍人で『戦争論』の著者としても有名なカール・フォン・クラウゼヴィッツであるが、グレイはこの議論を土台にしつつ、「人間の本性」(human nature) と「政治」(politics) が戦略そのものを構成していると論じていく。

第2章では戦略のメカニズムや重要性についての説明を行っていく。ここではまず戦略の位置づけを「政策と軍事行動の橋渡し」という、いわば中間管理職的な役割にあることを確認しながら、従来の軍事戦略論で盛んに使われてきた「目的・方策・手段」(ends-ways-means) の三つの概念の関係性に加えて、四つ目の「前提」(assumption) を加えて一つの「公式」として考えることが提案される。そしてもし戦略がなかった場合にはどのようになるのかという、やや逆説的な仮定の話を踏まえながら戦略の役割をあらためて見直している。

第3章ではいよいよグレイの考える「戦略の一般理論」が示される。もちろんこのような大胆な提案に対して、時代や場所や文化の違いからこの一般理論が適用できないという反論が検証されるのだが、グレイはそのような違いを超越した実践面においてこそ戦略理論の有用性があると主張している。

第4章ではその一般理論を支える議論として、戦略が使われてきた人類の歴史（戦略史）の中で、戦略において変化していることと変化していないものを区別することの重要性を説いていく。もちろんこれは、日本ではあまり注目されないクラウゼヴィッツの「文法（グラマー）」と「論理（ロジック）」という戦略の要素の区別が元になっているのだが、ここで注目すべきは「戦争にはサプライズがある」として、この現象の「予測不能性」というものを議論の中心に持ってきている点である。フランスのことわざにもあるように「変化すればするほど、変化してないように見える」という戦略の逆説的な性質がここに提示される。

第5章では戦略においてとりわけ普遍的に見える「地理」という要素にしぼり、これが戦略の考え方にどのような影響を与えてきたのかを考察している。ここでは主にマッキンダーとスパイクマンという二人の地政学の思想家の「大戦略」レベルにおける考え方を提示するとともに、地理が軍事組織（軍種）の構成に影響したことを示しつつも、戦略の総合的な効果の発揮にはそれぞれの軍種が統合的に働かなくてはならないという議論を展開する。

第6章では未来における戦略の重要性を議論するのだが、そこで使われるのが核兵器の存在という問題だ。核戦略家として名を馳せた自身の経験を踏まえて、人類は核兵器を手に入れてしまったので、仕方なくこの現実と付き合っていくしかないとする。そして最終章となる「まとめ」では、人間としての本質は変わらず、人間は政治的な集団を作り、戦略の本質（ネイチャー）は変わらず様相（キャラクター）が変わるだけであり、そのために戦略はあいかわらず必要とされるとして、やや悲観的な二一世紀の未来像を提示して締めくくっている。

グレイの理論の特徴

この本から見えてくるグレイの理論の特徴をまとめると、以下のような三つの論点に集約できる。

一つ目は、「戦略の一般理論化」である。もちろんグレイはそのようなことをすでに何度も行っており[9]、この理論の精緻化は自身の手で現在も進行中だが、その成果の一端は「日本語版のまえがき」の中で示された「戦略とは帰結についてのこと」という、本書を含むこれまでの議論にはなかった分析の中にも垣間見える。すでに他の書で発表した、自身の考える「戦略の一般理論」は、本書の「二三の格言」の形で提示している。

文献紹介でも少し触れたが、このような戦略理論の一般化を大胆に試みた西洋の戦略家による本は、古典などを除いて、現代では主にワイリーとルトワックによるものしかない。他にはウィリアムソン・マーレーやマーチン・ファン・クレフェルトの著作の中に大きな戦略理解についての議論は見られるが[10]、いずれもどちらかといえば「戦争の様相」について論じたものであり、グレイのような一般化を試みたものとはやや方向性が違うと言える。このような比較しうるような文献の少なさから、グレイの試みは明らかにユニークなものといえるのだが、その究極の目標はやはりクラウゼヴィッツの『戦争論』で展開された総論的なものであろう。この試み自体が成功しているかどうかはまだ結論の出ない問題ではあるが、米軍の教育機関の一部での評価の高さを見ると一定の成果を収めているといえるのかもしれない。

　二つ目は、「戦略の複雑性」である。クラウゼヴィッツは『戦争論』の中で実行面における「摩擦」という概念を提唱したことでも有名であるが、グレイもこれにならった形で、戦争の予期せぬ性質や、それを実行する際の複雑性を正面から見据えた議論を展開している点に特徴がある。たとえば主著である『現代の戦略』において、グレイは戦略に一七の要素があり、これが複雑にからみあって戦略を難しいものにしていると説いているのだが[11]、本書ではこのような複雑性について具体的に踏み込むことはなく、むしろそのような考えを前提として、その解決策として戦略家は「慎重さ・賢明さ」(prudence) という概念をつねに意識するよう進言している。

　もちろんこのような複雑性というものは、グレイも何度も引用する「人間の本性」(human nature) という西洋の哲学や学問で繰り返し提唱される概念でとらえられるものが原因で発生するというのだが、グレイはラインホールド・ニーバーのような神学的な人間観（原罪思想）を元にしたわけでもなく、古代ギリシャの哲学者や歴史家たちが触れる「人間の悲劇性」、さらにはハンス・モーゲンソーのような政治学や法哲学を元にした「欲深い人間像」を元にするわけでもなく、あくまでも純粋に軍事史（戦略史）を見てきた上での「人間の本性」に基礎を置いているのが特徴だ。つまり人間は今後も人間であり続けるかぎり、間違いや無知による判断から免れることはできず、そのために集団的な権益や闘争、計算違いや怠慢などによって発生する「摩擦」に巻き込まれ、いくらテクノロジーが発展しても戦略の実行の難しさは変わらない、と論じきるのである。

三つ目は、「未来予測の難しさ」である。グレイはとりわけ二〇〇〇年代に入ってから、戦略を考える上での将来的な見通しの難しさを明確に意識し、それを自身の考えの中に取り入れて論じるようになっている。その成果の一つが、最近刊行された『戦略と国防計画』である。この本の中で、グレイは予測できない未来に対する考えをまとめて論じている[12]。これは彼の核戦略の実務家としての実体験から出てきた問題意識であり、核戦争のようなこれまで起こったことのない脅威に対してどのように考え、どのように備えるべきかという、「戦略家」が直面する恒常的なジレンマがその考えの元になっている。グレイはこれを再び「戦略史」に求め、過去はつねに闘争であったし、われわれは未来を確実に予測する手段を持たないため、戦略の将来はあくまでもフィクションの領域にあり、何より大事なのは「いざというときにいかに柔軟に対応できるか」という点であることを強調する。余談だが、グレイは「予見できる将来」という言葉に対してとりわけ辛辣なのだが、それは「未来」というものが、その言葉からもわかるように、「いまだ到来していないもの」だからだ。

このような不確実な将来についての見通しは、当然ながら人類の未来に対する悲観論につながる。『血みどろの世紀、再び』(*Another Bloody Century: Future Warfare*)という本は、まさにそのような悲観的な問題意識によって書かれたものだ[13]。

ところが最近は人類の暴力発生の頻度が時代の進行とともに著しく減少しているという進化心理学者のスティーブン・ピンカーのような分析も出てきており、二一世紀の国際政治についての楽観論も盛り上がっている[14]。ただしピンカー自身は、戦争のような国際的な暴力が再び復活してしまうという、いわゆる「バックスライディング」(後戻り)の問題があることも認めており、悲観的なグレイの予測が当たってしまう可能性も否定しきれない。

もしグレイの悲観的な議論が正しければ、戦争というのは人間の本性が変わらないために、今後も存在し続けることになり、結果的に「戦略の未来」は悲観的なまま継続することになる。本書が刊行された現時点において、中国の経済力の上昇に付随する積極的な拡大方針の台頭や、世界的なテロ行為の蔓延、それにロシアやトルコの対米姿勢の強硬化、さらには地球温暖化による気候変動など、国家のような政体が戦略を必要とするような状況は、グレイが論じるように(あいにくであるが)ますます必要にならざるを得ないようだ。

全般的に言えば、『戦略の未来』には批判を招くような点がいくつかある。気になるところはその冗長さや繰り返しともとれる長い文章のほか、孫子の『兵法』のような指針を記した形で書かれているわけではないために、そこから具体的にどのような戦略を選択すべきかがあまり見えてこないという難点もある。

逆に言えば、この本もクラウゼヴィッツの『戦争論』と同じように、あくまでも教育書や哲学書という性格が強く、結果として実務家たちが目の前の問題を解決するための直接的なヒントを教えてくれるような、いわば「現世利益」的な有用性は少ないのかもしれない。ただし(軍事)戦略についての土台を考えるための基本的な枠組みを提供しているという点において、実務家たちの思考の訓練となることは間違いない。

謝辞

最後に個人的なことを述べさせていただきたい。まず本書は、翻訳作業に一年以上かかってしまったことで周囲に多大なご迷惑をおかけしてしまった。原著者のグレイ教授には、本書を訳す中で細かい点をいくつかアドバイスをもらった。お忙しい中で「日本の読者のためのまえがき」も記していただき感謝の念に堪えない。

また、本書を刊行する上で、勁草書房の編集者である上原正信氏の超人的な働きに助けられた。私の訳の間違えを指摘していただいただけでなく、わかりやすい文章の提案などもしていただいた。もし本書の文章の中で読者のみなさんがスムーズだと感じていた場所があるとすれば、そこは一重に上原氏の働きによるところである。ただし本訳書における間違いは、すべて訳者である私にその責任があることは言うまでもない。

最後に、本訳書は故・青井志学(しがく)一等海佐に捧げるものである。青井氏は私が海上自衛隊幹部学校の戦略研究室で一年間「客員研究員」として所属していたときに、となりの席で何もわからなかった私に対して、実にさまざまなことを親切に教授してくれた。後に横須賀で勤務中にあまりにも早く亡くなられてしまい、何も恩返しできなかったことが悔やまれてならない。本書を御霊前に捧げ、尽きない感謝の意を表したい。

注

（1）野中郁次郎ほか編著、『戦略の本質――戦史に学ぶ逆転のリーダーシップ』日本経済新聞社、二〇〇五年、第一章、石津朋之編著『名著に学ぶ戦争論』日本経済新聞社、二〇〇九年、第四六章。

（2）Colin S. Gray, *The Geopolitics of the Nuclear Era: Heartland, Rimlands, and the Technological Revolution* (New York: Crane, Russak, September 1977)［コリン・グレイ著、小島康男訳『核時代の地政学』紀尾井書房、一九八二年］.

（3）一例として、コリン・グレイ「9・11後も変らぬ世界政治」ケン・ブース、ティム・ダン編、寺島隆吉監訳『衝突を超えて――9・11後の世界秩序』日本経済評論社、二〇〇三年、二六二～二七二頁、グレイ「核時代の戦略――アメリカ（一九四五～一九九一年）」ウィリアムソン・マーレー、マクレガー・ノックス、アルヴィン・バーンスタイン編、石津朋之・永末聡監訳『戦略の形成』下巻、中央公論新社、二〇〇七年、四〇二～四六六頁、グレイ、奥山真司訳「戦争とは何か――戦略研究からの視点」、「戦略はなぜ難しいのか」『年報・戦略研究』第六号、戦略研究学会、二〇〇九年三月、グレイ「クラウゼヴィッツと歴史、そして将来の戦略的世界」ウィリアムソン・マーレー、リチャード・ハート・シンレイチ編、今村伸哉ほか訳『歴史と戦略の本質――歴史の英知に学ぶ軍事文化』上巻、原書房、二〇一一年などがある。

（4）コリン・グレイ著、奥山真司訳『戦略の格言――戦略家のための40の議論』芙蓉書房出版、二〇〇九年。

（5）Colin S. Gray, *Modern Strategy* (London: Oxford University Press, 1999)［コリン・グレイ著、奥山真司訳『現代の戦略』中央公論新社、二〇一五年］.

（6）John Baylis, James Wirtz, Eliot Cohen and Colin S. Gray, eds., *Strategy In the Contemporary World: An Introduction to Strategic Studies*, 1st edn (Oxford: Oxford University Press, 2002).

（7） Colin S. Gray, 'The Arms Race Phenomenon', *World Politics* 24/1 (October 1971), 39-79.

（8） Colin S. Gray and Keith Paine, 'Victory is Possible', *Foreign Policy* 39 (Summer, 1980), 14-37.

（9） Colin S. Gray, *War, Peace, and Victory: Strategy and Statecraft for the Next Century* (New York: Simon and Schuster, 1990); idem, *Modern Strategy*, chap. 1.

（10） Williamson Murray and Richard Hart Sinnreich, eds., *Successful Strategies: Triumphing in War and Peace from Antiquity to the Present* (Cambridge: Cambridge University Press, 2014); Martin Van Creveld, *Transformation of War* (New York: Free Press, 1991)［マーチン・ファン・クレフェルト著、石津朋之監訳『戦争の変遷』原書房、二〇一一年］. 他にもマイナーではあるが、Everett Dolman, *Pure Strategy: Principles in the Space and Information Age* (London: Routledge, 2005); Steven Jermy, *Strategy for Action: Using Force Wisely in the 21st Century* (London: Knightstone, 2011) などがある。

（11） グレイ著『現代の戦略』。

（12） Colin S. Gray, *Strategy and Defence Planning: Meeting the Challenge of Uncertainty* (London: Oxford University Press, 2016).

（13） Colin S. Gray, *Another Bloody Century: Future Warfare* (London: Weidenfeld & Nicolson, 2007). これは現在海兵隊の士官たち向けの必読文献のリストのトップを飾っている。

（14） Steven A. Pinker, *The Better Angels of Our Nature: Why Violence Has Declined* (New York: Viking Books, 2011)［スティーブン・ピンカー著、幾島幸子・塩原通緒訳『暴力の人類史』上下巻、青土社、二〇一五年］.

●著者紹介

コリン・グレイ（Colin S. Gray）

英国レディング大学政治・国際関係論学院名誉教授。専門は安全保障，戦略研究，地政学，戦略文化など多岐におよぶ。

1943年イギリス生まれ。1970年にオックスフォード大学で博士号（Ph. D.）を取得。イギリスやカナダの大学で教鞭をとった後，ニューヨークのハドソン研究所で研究員を務め，英米の二重国籍を取得。自らもワシントンにシンクタンクを設立し，米国レーガン政権では戦略アドバイザーを5年間務めた。1990年代半ばに英国ハル大学教授となり，2000年からレディング大学教授，2014年より現職。

著者は20冊を超えるが，邦訳されているものとして『現代の戦略』（奥山真司訳，中央公論新社），『戦略の格言——戦略家のための40の議論』（奥山真司訳，芙蓉書房出版），『核時代の地政学』（小島康男訳，紀尾井書房）などがある。

●訳者紹介

奥山 真司（おくやま まさし）

国際地政学研究所上席研究員，青山学院大学非常勤講師。専門は地政学，戦略研究。

1972年生まれ。カナダのブリティッシュ・コロンビア大学を卒業（B. A.）。英国レディング大学大学院で修士号（M. A.）と博士号（Ph. D.）を取得。戦略学博士。

著書に『地政学——アメリカの世界戦略地図』（五月書房）など。訳書に上記のグレイの著書二つのほか，ジョン・ミアシャイマー『大国政治の悲劇 完全版』（五月書房新社），エドワード・ルトワック『戦争にチャンスを与えよ』（文春新書），ニコラス・スパイクマン『平和の地政学——アメリカ世界戦略の原点』（芙蓉書房出版），J. C. ワイリー『戦略論の原点——軍事戦略入門』（芙蓉書房出版）など多数。

戦略の未来

2018年4月20日　第1版第1刷発行

著　者　コリン・グレイ
訳　者　奥山真司（おくやま まさし）
発行者　井村寿人
発行所　株式会社　勁草書房（けいそう しょぼう）

112-0005 東京都文京区水道 2-1-1　振替 00150-2-175253
（編集）電話 03-3815-5277／FAX 03-3814-6968
（営業）電話 03-3814-6861／FAX 03-3814-6854
三秀舎・松岳社

ISBN978-4-326-35174-9　　Printed in Japan

http://www.keisoshobo.co.jp